平 面 设 计 进 阶 书 系

版面创意编排

gaatii光体 —— 编著

重慶出版集团 重慶出版社

图书在版编目(CIP)数据

版面创意编排 / gaatii光体编著. -- 重庆 : 重庆出版社, 2022.12

ISBN 978-7-229-17392-0

Ⅰ.①版… Ⅱ.①g… Ⅲ.①版式-设计 Ⅳ.①TS881

中国版本图书馆CIP数据核字(2022)第242095号

版面创意编排
BANMIAN CHUANGYI BIANPAI

gaatii光体　编著

策　　划　夏　添　张　跃
责任编辑　张　跃
责任校对　何建云

策划总监　林诗健
编辑总监　柴靖君
设计总监　陈　挺
编　　辑　林诗健
设　　计　林诗健

销售总监　刘蓉蓉
邮　　箱　1774936173@qq.com
网　　址　www.gaatii.com

重庆出版集团
重 庆 出 版 社 **出版**

重庆市南岸区南滨路162号1幢　邮政编码：400061　http://www.cqph.com
佛山市华禹彩印有限公司印制
重庆出版集团图书发行有限公司发行
E-MAIL:fxchu@cqph.com　邮购电话：023-61520678
全国新华书店经销

开本：787mm×1092mm　1/16　印张：10.5
2023年4月第1版　2023年4月第1次印刷
ISBN　978-7-229-17392-0
定价：128.00元

如有印装质量问题，请向本集团图书发行有限公司调换：023-61520678

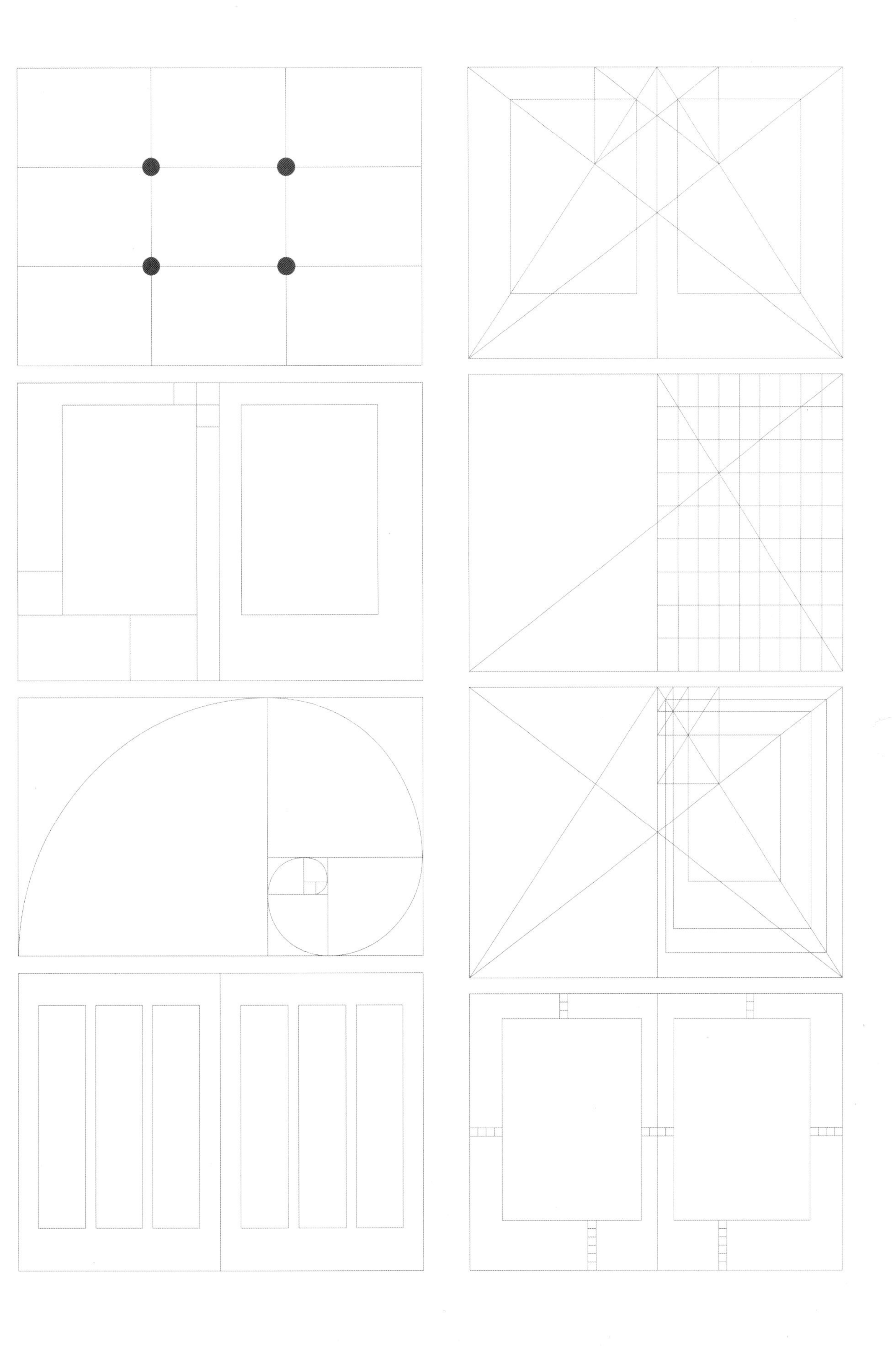

第一章

版面构成基本要素

版面通常由版心、天头、地脚、页边距、标题、正文、图片、注解等基础元素构成。在有限的尺寸范围内，这些基础元素的设置和布局变化就形成了版面编排设计。

在了解了每个元素的基本功能后，才能在版面设计中灵活地运用，也才能更有创意地设计出符合需求的版面视觉效果。

标题

正文

符号

页码

图形、图片

文本对齐

段落样式

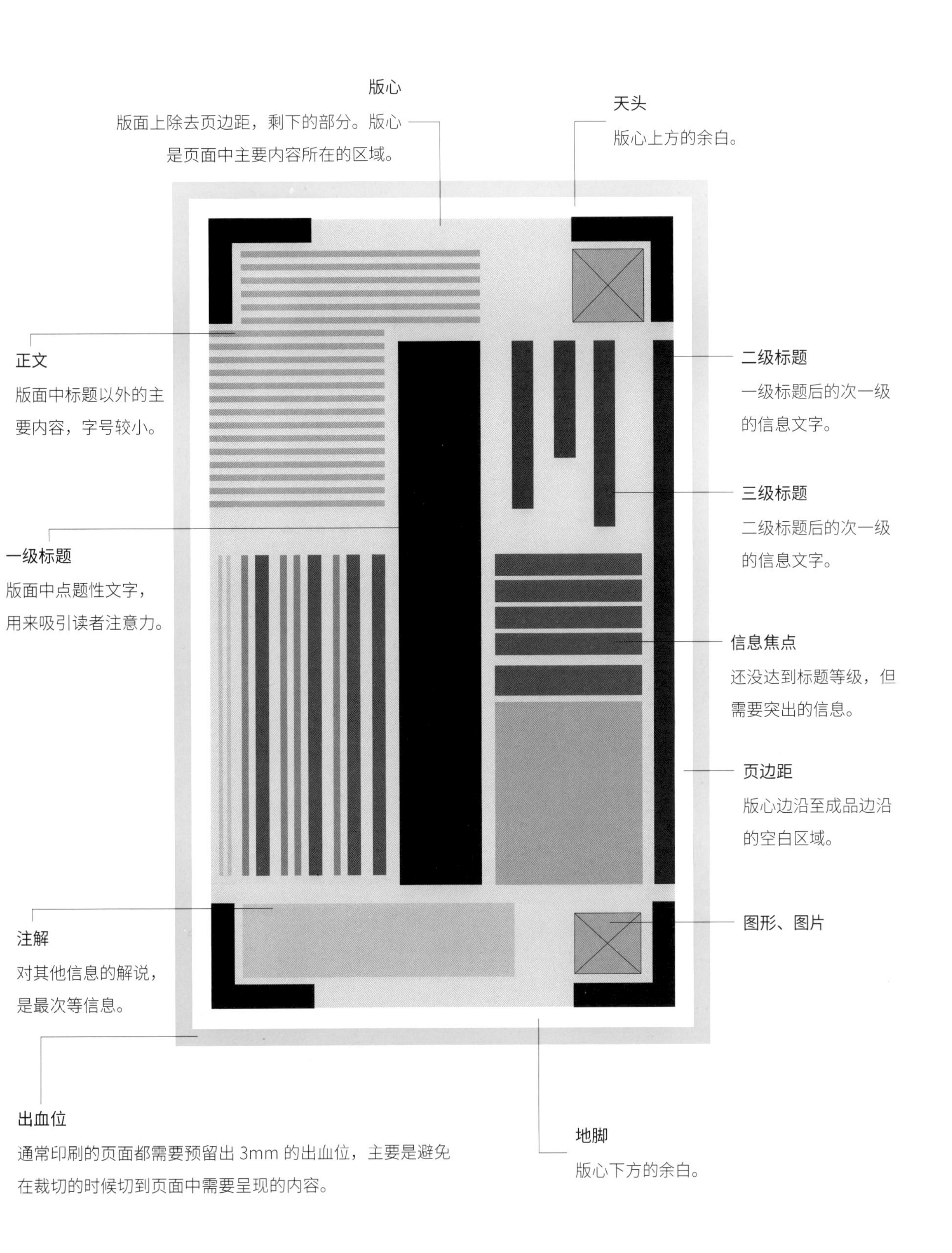
版心
版面上除去页边距，剩下的部分。版心是页面中主要内容所在的区域。
天头
版心上方的余白。
正文
版面中标题以外的主要内容，字号较小。
二级标题
一级标题后的次一级的信息文字。
三级标题
二级标题后的次一级的信息文字。
一级标题
版面中点题性文字，用来吸引读者注意力。
信息焦点
还没达到标题等级，但需要突出的信息。
页边距
版心边沿至成品边沿的空白区域。
图形、图片
注解
对其他信息的解说，是最次等信息。
出血位
通常印刷的页面都需要预留出 3mm 的出血位，主要是避免在裁切的时候切到页面中需要呈现的内容。
地脚
版心下方的余白。

标题

标题是点题性文本，用于突出内容，吸引读者；标题的字体设计丰富多样，其可辨认性和可读性没有具体的要求，达到所需的效果即可，通常版面中的文字标题是最大的。根据不同的内容需求，标题在一个版面中会分为一级标题、二级标题和三级标题。标题字体的选择可以是专属设计的艺术字体，也可以是印刷字体，具体选择以受众人群和设计定位需求来确定。

一级标题

建築と「穴」

講演者

原 広司

建築家、東京大学名誉教授

江澤健一郎

フランス文学者、立教大学非常勤講師

モデレーター

平野利樹

建築家、東京大学助教

建築夜楽校2017 シンポジウム

10月13日［金］18:00～20:30（開場17:30）

会場=建築会館ホール

対象=どなたでもご参加ください。　定員=300名（申込先着順）

参加費=無料　会場住所=東京都港区芝5-26-20

申込方法=日本建築学会HP「催し物・公募」欄よりお申し込みください。

動画配信=実施予定　詳細はHP催し物欄参照 http://www.aij.or.jp/

二级标题

原宿・渋谷 代官山

見学先=国立代々木競技場／原宿駅／表参道

キャットストリート／渋谷駅周辺／松濤地区

三田上水跡／西郷山公園／代官山T-SITE

代官山ヒルサイドテラス／旧朝倉家住宅

トウキョウ建築まち歩き

第1回 10月11日［水］13:00～17:00

第2回 10月13日［金］13:00～17:00

集合場所=国立代々木競技場 原宿口前12:30集合

解散場所=代官山ヒルサイドテラス周辺

解説者=奥森清喜（日建設計）／福田太郎（日建設計）／小実健一（日建設計）

向井一郎（日建設計）／朝倉健吾（朝倉不動産代表取締役）

ナビゲーター=大森晃彦（建築メディア研究所代表）

対象=全行程約6kmを徒歩で移動できる方　開催数=全2回

定員=20名／1回（申込先着順）

参加費=1,000円（資料代として当日徴収します）

申込方法=9月25日（月）までに、E-mailまたはFAXにて

「氏名、年齢、所属、住所、連絡先（TEL、FAX、E-mail）、希望参加日」を

明記のうえ、お申し込みください。また、詳細はトウキョウ建築まち歩き専用

ホームページ（http://bunka.aij.or.jp/machiaruki/）をご覧ください。

申込先=日本建築学会「トウキョウ建築まち歩き」係宛

E-mail: goryoda@aij.or.jp　FAX: 03-3456-2058

備考=雨天決行。ただし、気象状況等の事情により中止または行程を

変更することがありますことをご了承ください。中止につきましては専用

ホームページ等でお知らせいたします。また、中止の場合の順延はありません。

詳細はHP催し物欄参照 http://www.aij.or.jp/

三级标题

建築文化週間

正文

正文是版面内容的介绍文本，需要具备辨认性和可读性，同时字号不易过大。正文字体一般造型干净、统一，笔画较细，字符间的间距适当。字体大小取决于不同字体设计的视觉平衡度。选择一款合适的正文字体是设计中重要的环节。一般情况下，正文字体最常见的两个选择就是衬线体和无衬线体。

※ 衬线体就是我们常说的宋体，无衬线体就是我们常说的黑体。（宋体、黑体的字型变化也是非常丰富多样的）

版面创意呈现

版式设计是视觉传达的重要手段。表面上看，它是一种关于编排的学问；实际上，它不仅是一种技能，更实现了技术与艺术的高度统一。版式设计应用于报刊、书籍、画册、广告、海报、唱片封套、网页、PPT、软件界面等各个领域。版式设计是指在预先设定的有限版面内，运用造型要素和形式原则，根据特定主题与内容的需要，将内容要素，进行有组织、有目的的组合排列的设计行为与过程。

1. 标题位于顶部，远离正文。标题和正文采用相同的字体和字号。

版面创意呈现

版式设计是视觉传达的重要手段。表面上看，它是一种关于编排的学问；实际上，它不仅是一种技能，更实现了技术与艺术的高度统一。版式设计应用于报刊、书籍、画册、广告、海报、唱片封套、网页、PPT、软件界面等各个领域。版式设计是指在预先设定的有限版面内，运用造型要素和形式原则，根据特定主题与内容的需要，将内容要素，进行有组织、有目的的组合排列的设计行为与过程。

2. 标题位于正文上方空格行距。标题和正文采用相同的字体和字号，但字重不同。

版面创意呈现

版式设计是视觉传达的重要手段。表面上看，它是一种关于编排的学问；实际上，它不仅是一种技能，更实现了技术与艺术的高度统一。版式设计应用于报刊、书籍、画册、广告、海报、唱片封套、网页、PPT、软件界面等各个领域。版式设计是指在预先设定的有限版面内，运用造型要素和形式原则，根据特定主题与内容的需要，将内容要素，进行有组织、有目的的组合排列的设计行为与过程。

3. 标题位于顶部，远离正文。标题采用与正文相同的字体，用加大的字号和字重。

版面
创意
呈现

版式设计是视觉传达的重要手段。表面上看，它是一种关于编排的学问；实际上，它不仅是一种技能，更实现了技术与艺术的高度统一。版式设计应用于报刊、书籍、画册、广告、海报、唱片封套、网页、PPT、软件界面等各个领域。版式设计是指在预先设定的有限版面内，运用造型要素和形式原则，根据特定主题与内容的需要，将内容要素，进行有组织、有目的的组合排列的设计行为与过程。

4. 标题位于正文上方。标题居中，采用不同于正文的编排方式，相同的字体，加大的字号和字重。

版面创意呈现

版式设计是视觉传达的重要手段。表面上看，它是一种关于编排的学问；实际上，它不仅是一种技能，更实现了技术与艺术的高度统一。版式设计应用于报刊、书籍、画册、广告、海报、唱片封套、网页、PPT、软件界面等各个领域。版式设计是指在预先设定的有限版面内，运用造型要素和形式原则，根据特定主题与内容的需要，将内容要素，进行有组织、有目的的组合排列的设计行为与过程。

5. 标题位于正文上方空格行距。标题和正文采用相同的字号，不同的字体。

版面创意呈现

版式设计是视觉传达的重要手段。表面上看，它是一种关于编排的学问；实际上，它不仅是一种技能，更实现了技术与艺术的高度统一。版式设计应用于报刊、书籍、画册、广告、海报、唱片封套、网页、PPT、软件界面等各个领域。版式设计是指在预先设定的有限版面内，运用造型要素和形式原则，根据特定主题与内容的需要，将内容要素，进行有组织、有目的的组合排列的设计行为与过程。

6. 标题与正文采用同样的字体、字号、字重。用下划线分隔。

符号

标点符号或特殊符号也是排版中的重要元素之一。当标点符号位于句子开头时，需要把标点符号放置在对齐边沿的外侧，这样可以保证一个相对整齐的外沿。同样，当文字左右对齐或者靠左对齐时，设计师需要注意把文字末端的标点符号如逗号、后引号和括号，放置在对齐外沿的外侧。而当末端出现连字符时，不需要把整个连字符都放在外侧，而应该是文字末端的对齐线在连字符 1/3 或者 1/2 的位置。这些原则仅适用于追求整齐的段落边沿，特殊情况下除外。

同时，符号在当下的版式设计中也可以作为设计元素通过放大、缩小、变形等成为版面设计的重要组成部分。

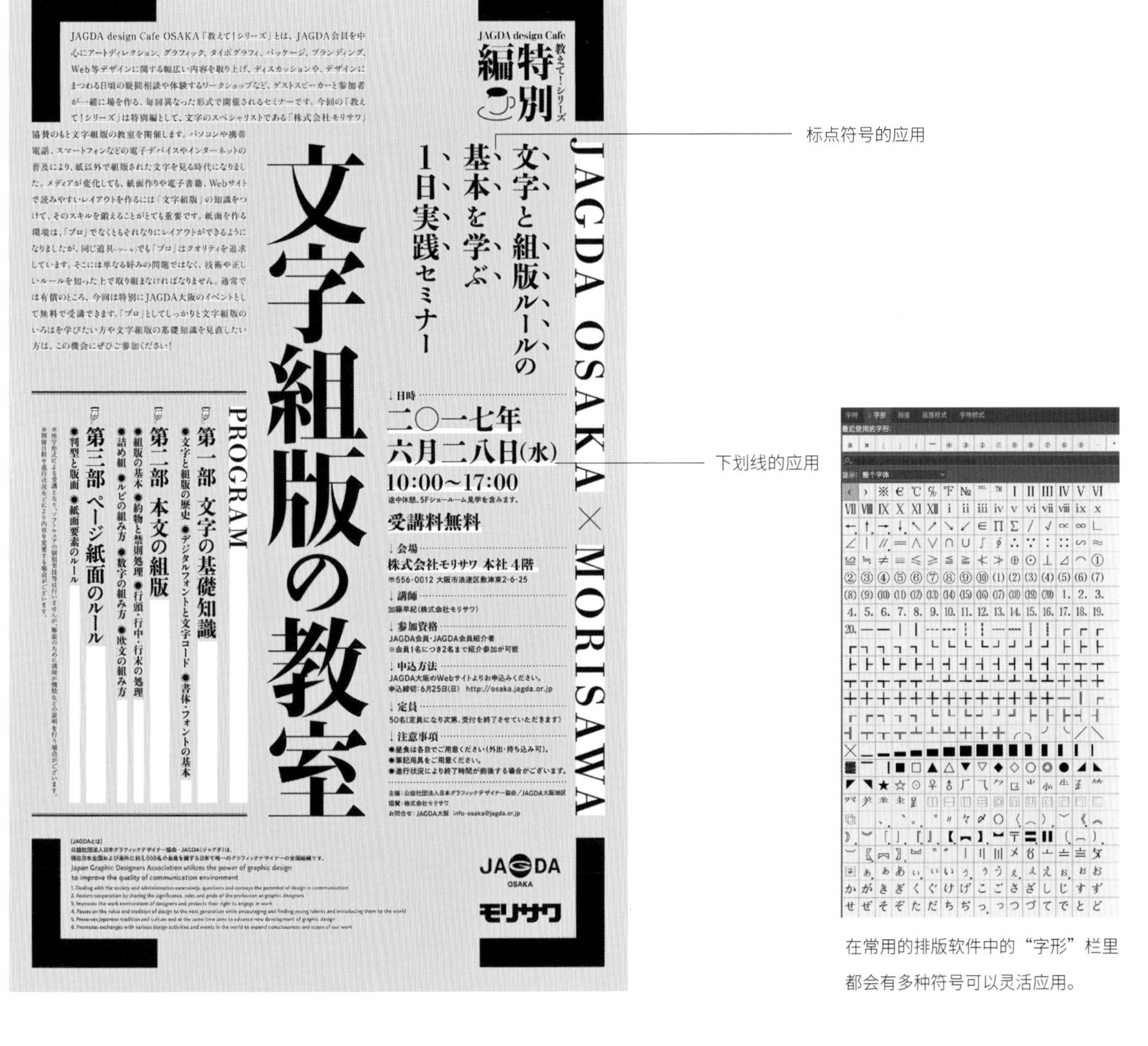

标点符号的应用

下划线的应用

在常用的排版软件中的“字形”栏里都会有多种符号可以灵活应用。

页码

页码指书籍、杂志、画册等页面上标明次序的数字，用以统计页数，便于读者检索信息。对于设计师而言，页码可以出现在页面的任何位置，但页码位置的选择是有讲究的，需要同时兼具功能和美感。

页码常见的放置位置

图形、图片

在多数版面中，图形、图片都是非常重要的组成元素，甚至是最核心的视觉焦点。在与文字的搭配上可以是图文解说、以图代文、以图示意、图文融合、图形文本化、文本图形化等等。

图文解说

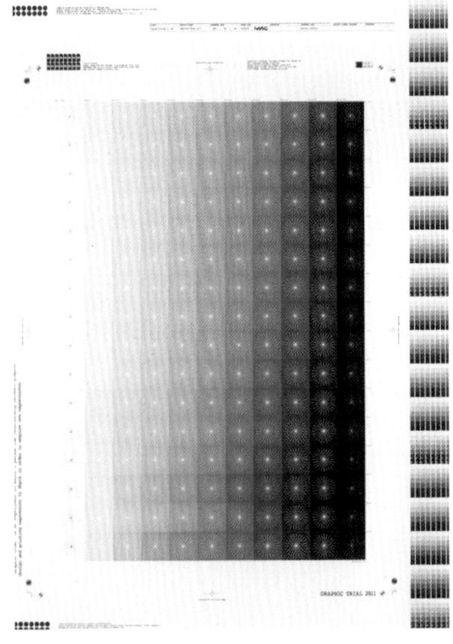

以图代文

以图示意

图文融合

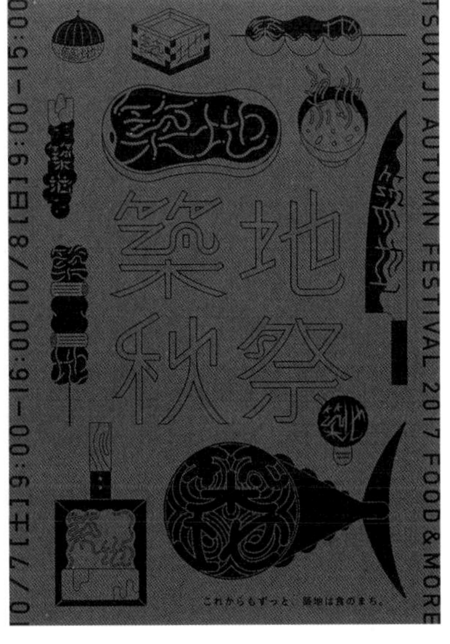

图形文本化

文本图形化

文本对齐

对齐方式影响着阅读体验，也呈现设计形式感。如何对齐应和设计主题相关，当然还需要考虑可辨认性和可读性。主要的对齐方式有左对齐、右对齐、居中对齐和双齐（左右对齐）。

左对齐

左对齐指段落文字贴齐左侧边界，右侧则依据文字长度留下空白。这种方式迎合了大多数语言从左到右的书写方式，是阅读长文章的最佳对齐方式。

版式设计是视觉传达的重要手段。表面上看，它是一种关于编排的学问；
实际上，它不仅是一种技能，更实现了技术与艺术的高度统一。版式设计
应用于报刊、书籍、画册、广告、海报、唱片封套、网页、PPT、软件界
面等各个领域。版式设计是指在预先设定的有限版面内，运用造型要素和
形式原则，根据特定主题与内容的需要，将内容要素，进行有组织、有目
的的组合排列的设计行为与过程。

左对齐

右对齐

右对齐指段落文字贴齐右侧边界，左侧则依据文字长度留下空白。这种对齐方式可以作为区别于主要内容的对齐方式来排列引用或强调的文字内容，形成对比。

版式设计是视觉传达的重要手段。表面上看，它是一种关于编排的学问；
实际上，它不仅是一种技能，更实现了技术与艺术的高度统一。版式设计
应用于报刊、书籍、画册、广告、海报、唱片封套、网页、PPT、软件界
面等各个领域。版式设计是指在预先设定的有限版面内，运用造型要素和
形式原则，根据特定主题与内容的需要，将内容要素，进行有组织、有目
的的组合排列的设计行为与过程。

右对齐

居中对齐

居中对齐指文字不靠齐左右侧边界，而是左右侧对着文件中间点靠拢。一些行的左右两侧会根据文字长短留出不规则空白。

版式设计是视觉传达的重要手段。表面上看，它是一种关于编排的学问；
实际上，它不仅是一种技能，更实现了技术与艺术的高度统一。
版式设计应用于报刊、书籍、画册、广告、海报、唱片封套、
网页、PPT、软件界面等各个领域。版式设计是指在预先设定的有限版面
内，运用造型要素和形式原则，根据特定主题与内容的需要，
将内容要素，进行有组织、有目的的组合排列的设计行为与过程。

居中对齐

双齐（左右对齐）

双齐（左右对齐）指文字同时靠齐左侧及右侧边界。此方式看起来整洁利落，但是有些行文字的间距会拉开，甚至存在过多的空白间隙。这会影响阅读和美观，必要时需要调整字间距。

版式设计是视觉传达的重要手段。表面上看，它是一种关于编排的学问；实际上，它不仅是一种技能，更实现了技术与艺术的高度统一。版式设计应用于报刊、书籍、画册、广告、海报、唱片封套、网页、PPT、软件界面等各个领域。版式设计是指在预先设定的有限版面内，运用造型要素和形式原则，根据特定主题与内容的需要，将内容要素，进行有组织、有目的的组合排列的设计行为与过程。

全部强制双齐

版式设计是视觉传达的重要手段。表面上看，它是一种关于编排的学问；实际上，它不仅是一种技能，更实现了技术与艺术的高度统一。版式设计应用于报刊、书籍、画册、广告、海报、唱片封套、网页、PPT、软件界面等各个领域。版式设计是指在预先设定的有限版面内，运用造型要素和形式原则，根据特定主题与内容的需要，将内容要素，进行有组织、有目的的组合排列的设计行为与过程。

双齐末行齐左

版式设计是视觉传达的重要手段。表面上看，它是一种关于编排的学问；实际上，它不仅是一种技能，更实现了技术与艺术的高度统一。版式设计应用于报刊、书籍、画册、广告、海报、唱片封套、网页、PPT、软件界面等各个领域。版式设计是指在预先设定的有限版面内，运用造型要素和形式原则，根据特定主题与内容的需要，将内容要素，进行有组织、有目的的组合排列的设计行为与过程。

双齐末行齐右

版式设计是视觉传达的重要手段。表面上看，它是一种关于编排的学问；实际上，它不仅是一种技能，更实现了技术与艺术的高度统一。版式设计应用于报刊、书籍、画册、广告、海报、唱片封套、网页、PPT、软件界面等各个领域。版式设计是指在预先设定的有限版面内，运用造型要素和形式原则，根据特定主题与内容的需要，将内容要素，进行有组织、有目的的组合排列的设计行为与过程。

双齐末行居中

段落样式

段落样式指控制段落外观的格式设置。它的主要功能是提供视觉间隔，区分文本段落。不同的格式有不同的视觉效果，或用来强调，或用来加强版式。常见的设置有缩进、首字下沉以及加大行间距。

缩进

缩进是一种常见的段落格式，它可有效地把读者注意力吸引到段首而不影响后面的阅读。

这种方法基本是长段文字分段的标准方法，常用到书籍、期刊和杂志中。它既可以节省空间，还保证了整体文字的肌理和灰度一致。至于缩进的深度，它一般和字体大小、行距、栏宽等相关。在中文图书的编排上最常见的是缩进 2 个字的距离，但我们在设计的过程中可以更加灵活地处理，而不需要墨守成规。缩或者不缩，常规缩或者极端缩，都可以依据想要达到的设计效果来确定。

版式设计是视觉传达的重要手段。表面上看，它是一种关于编排的学问；实际上，它不仅是一种技能，更实现了技术与艺术的高度统一。版式设计应用于报刊、书籍、画册、广告、海报、唱片封套、网页、PPT、软件界面等各个领域。版式设计是指在预先设定的有限版面内，运用造型要素和形式原则，根据特定主题与内容的需要，将内容要素，进行有组织、有目的的组合排列的设计行为与过程。

不缩进

版式设计是视觉传达的重要手段。表面上看，它是一种关于编排的学问；实际上，它不仅是一种技能，更实现了技术与艺术的高度统一。版式设计应用于报刊、书籍、画册、广告、海报、唱片封套、网页、PPT、软件界面等各个领域。版式设计是指在预先设定的有限版面内，运用造型要素和形式原则，根据特定主题与内容的需要，将内容要素，进行有组织、有目的的组合排列的设计行为与过程。

常规缩进

版式设计是视觉传达的重要手段。表面上看，它是一种关于编排的学问；实际上，它不仅是一种技能，更实现了技术与艺术的高度统一。

版式设计应用于报刊、书籍、画册、广告、海报、唱片封套、网页、PPT、软件界面等各个领域。

版式设计是指在预先设定的有限版面内，运用造型要素和形式原则，根据特定主题与内容的需要，将内容要素，进行有组织、有目的的组合排列的设计行为与过程。

极端缩进

首字

首字的处理也可以多样化，而且也不是只能局限于首字。常见的方法是“首字下沉”，指段落首行的第一个字符大于正文字体，其高度占据两行或者几行的距离。

版式设计是视觉传达的重要手段。表面上看，它是一种关于编排的学问；实际上，它不仅是一种技能，更实现了技术与艺术的高度统一。版式设计应用于报刊、书籍、画册、广告、海报、唱片封套、网页、PPT、软件界面等各个领域。

首字下沉

版式设计是视觉传达的重要手段。表面上看，它是一种关于编排的学问；实际上，它不仅是一种技能，更实现了技术与艺术的高度统一。版式设计应用于报刊、书籍、画册、广告、海报、唱片封套、网页、PPT、软件界面等各个领域。

多字下沉

孤行和寡字

孤行指一段文字的最后一行单独出现在一页或一栏的开始。

寡字指一段文字的最后一行只有一个或部分单词。

孤行和寡字会打断文字的连贯性，多余的空白让读者花费更多的注意力集中在单个的字或者单独的行上，因而在排版中应该避免孤行和寡字。

版式设计是视觉传达的重要手段。表面上看，它是一种关于编排的学问；实际上，它不仅是一种技能，更实现了技术与艺术的高度统一。版式设计应用于报刊、书籍、画册、广告、海报、网页、软件界面

等各个领域。

孤行

版式设计是视觉传达的重要手段。表面上看，它是一种关于编排的学问；实际上，它不仅是一种技能，更实现了技术与艺术的高度统一。版式设计应用于报刊、书籍、画册、广告、海报、网页、宣传单张

等。

寡字

字体块面

字体块面指一行文本的长度。

文本的长度影响可读性。过长的文本行冗长沉闷，过短则会打断句子节奏或造成很多单词出现连字符。通常情况下，45~75 个字或者 9~12 个单词的长度被认为是相对好的块面长度。

版式设计是视觉传达的重要手段。表面上看，它是一种关于编排的学问；实际上，它不仅是一种技能，更实现了技术与艺术的高度统一。版式设计应用于报刊、书籍、画册、广告、海报、唱片封套、网页、PPT、软件界面等各个领域。版式设计是指在预先设定的有限版面内，运用造型要素和形式原则，根据特定主题与内容的需要，将内容要素，进行有组织、有目的的组合排列的设计行为与过程。

长块面

版式设计是视觉传达的重要手段。表面上看，它是一种关于编排的学问；实际上，它不仅是一种技能，更实现了技术与艺术的高度统一。版式设计应用于报刊、书籍、广告、网页、PPT、软件界面等各个领域。

短块面

字间距

指文字与文字之间的距离，主要是解决阅读的舒适性问题，太密集了文字会重叠，太宽了文字之间的阅读视线被拉长会疲累。字间距同时也可以作为一种设计样式呈现，突出形式感。

版式设计是视觉传达的重要手段。表面上看，它是一种关于编排的学问；实际上，它不仅是一种技能，更实现了技术与艺术的高度统一。版式设计应用于报刊、书籍、画册、广告、海报、唱片封套、网页、PPT、软件界面等各个领域。版式设计是指在预先设定的有限版面内，运用造型要素和形式原则，根据特定主题与内容的需要，将内容要素，进行有组织、有目的的组合排列的设计行为与过程。

正常字间距

版式设计是视觉传达的重要手段。表面上看，它是一种关于编排的学问；实际上，它不仅是一种技能，更实现了技术与艺术的高度统一。版式设计应用于报刊、书籍、画册、广告、海报、唱片封套、网页、PPT、软件界面等各个领域。版式设计是指在预先设定的有限版面内，运用造型要素和形式原则，根据特定主题与内容的需要，将内容要素，进行有组织、有目的的组合排列的设计行为与过程。

收紧字间距

版 式 设 计 是 视 觉 传 达 的 重 要 手 段 。 表 面 上 看 ， 它 是 一 种 关 于 编 排 的 学 问 ； 实 际 上 ， 它 不 仅 是 一 种 技 能 ， 更 实 现 了 技 术 与 艺 术 的 高 度 统 一 。 版 式 设 计 应 用 于 报 刊 、 书 籍 、 画 册 、 广 告 、 海 报 、 唱 片 封 套 、 网 页 、 P P T 、 软 件 界 面 等 各 个 领 域 。 版 式 设 计 是 指 在 预 先 设 定 的 有 限 版 面 内 ， 运 用 造 型 要 素 和 形 式 原 则 ， 根 据 特 定 主 题 与 内 容 的 需 要 ， 将 内 容 要 素 ， 进 行 有 组 织 、 有 目 的 的 组 合 排 列 的 设 计 行 为 与 过 程 。

加宽字间距

行间距

指文字行与行之间的距离，重点也是解决阅读的舒适性问题。行间距设置过短，行与行之间会重叠；过宽行与行之间的上下视线会被拉长，导致阅读疲劳。同时也可以作为一种设计样式呈现，突出形式感。

版式设计是视觉传达的重要手段。表面上看，它是一种关于编排的学问；实际上，它不仅是一种技能，更实现了技术与艺术的高度统一。版式设计应用于报刊、书籍、画册、广告、海报、唱片封套、网页、PPT、软件界面等各个领域。版式设计是指在预先设定的有限版面内，运用造型要素和形式原则，根据特定主题与内容的需要，将内容要素，进行有组织、有目的的组合排列的设计行为与过程。

正常字行距

版式设计是视觉传达的重要手段。表面上看，它是一种关于编排的学问；实际上，它不仅是一种技能，更实现了技术与艺术的高度统一。版式设计应用于报刊、书籍、画册、广告、海报、唱片封套、网页、PPT、软件界面等各个领域。版式设计是指在预先设定的有限版面内，运用造型要素和形式原则，根据特定主题与内容的需要，将内容要素，进行有组织、有目的的组合排列的设计行为与过程。

收紧字行距

版式设计是视觉传达的重要手段。表面上看，它是一种关于编排的学问；实际上，它不仅是一种技能，更实现了技术与艺术的高度统一。版式设计应用于报刊、书籍、画册、广告、海报、唱片封套、网页、PPT、软件界面等各个领域。版式设计是指在预先设定的有限版面内，运用造型要素和形式原则，根据特定主题与内容的需要，将内容要素，进行有组织、有目的的组合排列的设计行为与过程。

加宽字行距

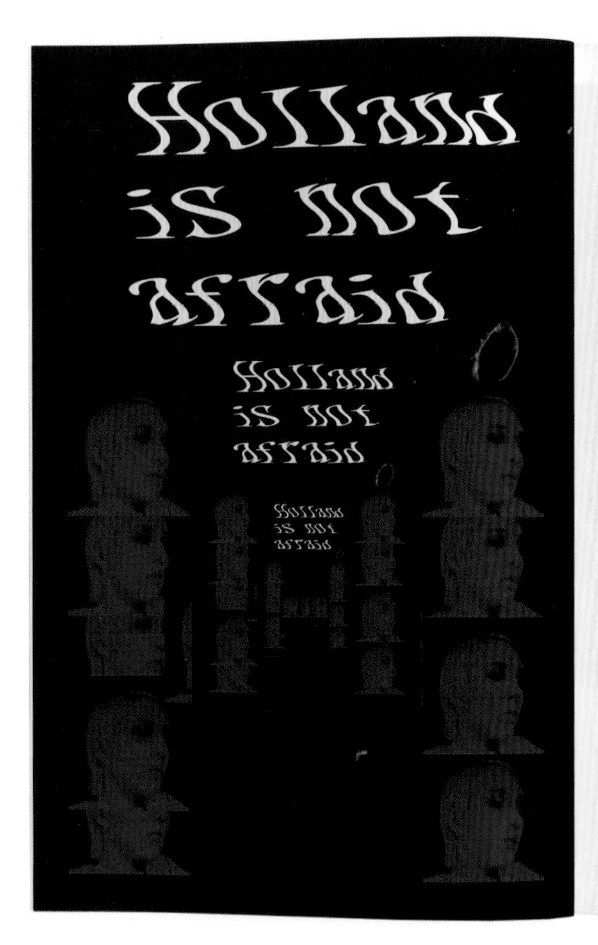

As the first openly gay star in a genre that has a complex relationship with queerness, the singer is pushing K-pop's conservative limits.

TEXT BY TAYLOR GLASBY

Squatting in the upper corner of Holland's music video for his early 2018 debut, "Neverland", is a bright red dot with the number '19' in it – the Korean age rating for its depiction of two fully clothed men exchanging a kiss.

In a song about struggling for self acceptance, this kiss risked rendering the then 21 year old K pop idol invisible. In his home country, no mainstream broadcast media would air the video when it came out in January. Homosexuality is legal in South Korea, yet members of the LGBTQ+ community are still social pariahs, routinely shoved into the shadows by unpunishable discrimination, public protests and large scale petitions to the president's office.

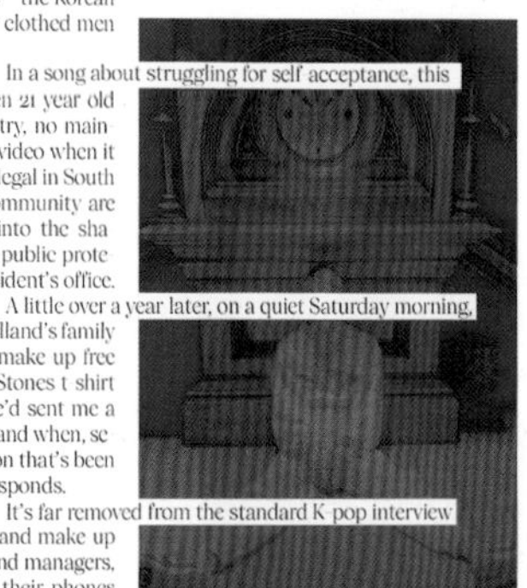

A little over a year later, on a quiet Saturday morning, the summer sun streams into Holland's family home just outside Seoul, where he's make up free and wearing a rumpled, black Rolling Stones t shirt over his thin frame. The day before, he'd sent me a warm greeting over the KakaoTalk app and when, several days later, I email an extra question that's been in the back of my mind, he promptly responds.

It's far removed from the standard K pop interview where idols – with pristine hair and make up – are closely supervised by publicists and managers, their interview answers screened and their phones confiscated.

Unlike many of his K pop peers, Holland isn't interested in smoke and mirrors. Prior to his self titled debut mini album, released in March, agencies advised him to stay in the closet. He refused. "During my school days, if there'd been no (international) artists representing LGBTQ+ rights, it would have been even harder for me," he tells me. "I know how significant their influence is and Korea also needs that kind of artist.

For me, lying to fans and not being able to receive love for my true self would have made me uneasy. If my generation (goes by) without any such movement, the future generation will also (never experience) change, so the goal of proving I can receive love regardless of whether I love a man or a woman was big."

On Instagram, where his electric platinum haircut was debuted, Holland looks just as liberated, taking selfies in acid washed Harajuku streetwear, emblazoning his face with peach bum emojis, and captioning a stroll along a railway track with "There is no more you". One top, a high sheen vest by Korean brand More Than Dope, spells the words "Psychedelic Summer Trip".

10·6

左侧版面构图，图、文采用了等比缩放的发射和重复的构成方法。

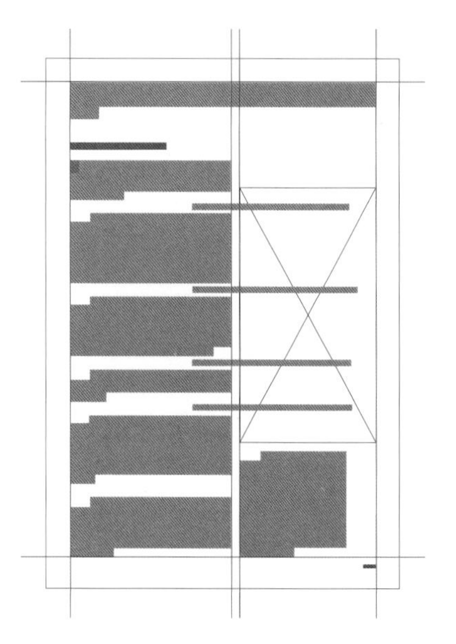

右侧的版面处理可以看到，通过加粗和放大字号区分一、二级标题，内文上则采用了不同等级的缩进、首字下沉、双齐等功能。虽然中英文不同，但这些基础设置和应用是有相通之理的。

ゴロゴロとツルペタの高

岡。涼しくてもアツアツ

な富山。ピカピカでゴワ

ゴワの城端。上手くても

ムニムニな立山。ゴツゴツ

ツとスベスベの井波。晴れ

れてもビシャビシャな八尾。

思い出は、指先が忘れない。

手ざわりの秋

Craft of Toyama 2015

開催期間:9月1日～12月31日

www.tezawari.jp

通过文本的聚散、大小、粗细的变化构成页面上字块面积的灰度变化，由此形成视觉层次感。

设计：羽田纯

2017 深港城市 / 建筑双城双年展宣传册

设计：another design

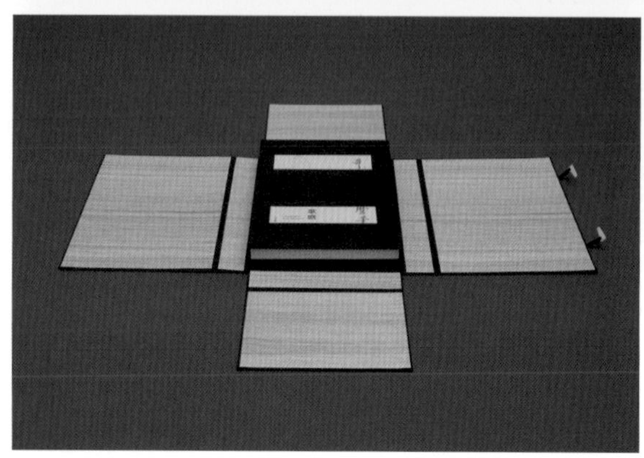

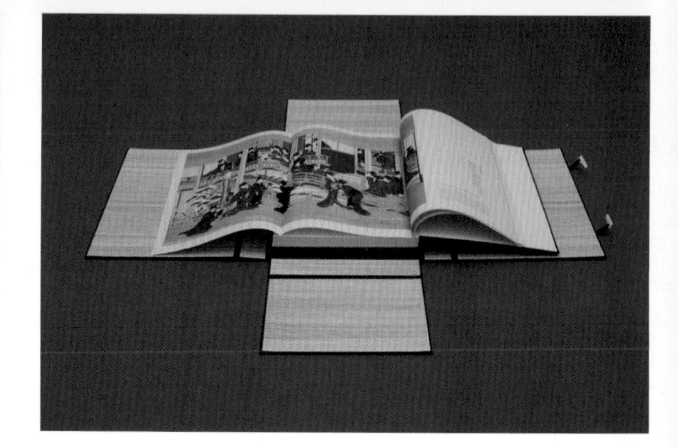

《歌麿》

由原设计研究所和日本设计中心合作设计的这本艺术画集展示了浮世绘名画家喜多川歌麿的五十幅美人画和五十幅春宫图。

设计：原研哉 , Nakamura Shimpei, Fehr Sebastian, Holmsted Troels Degett

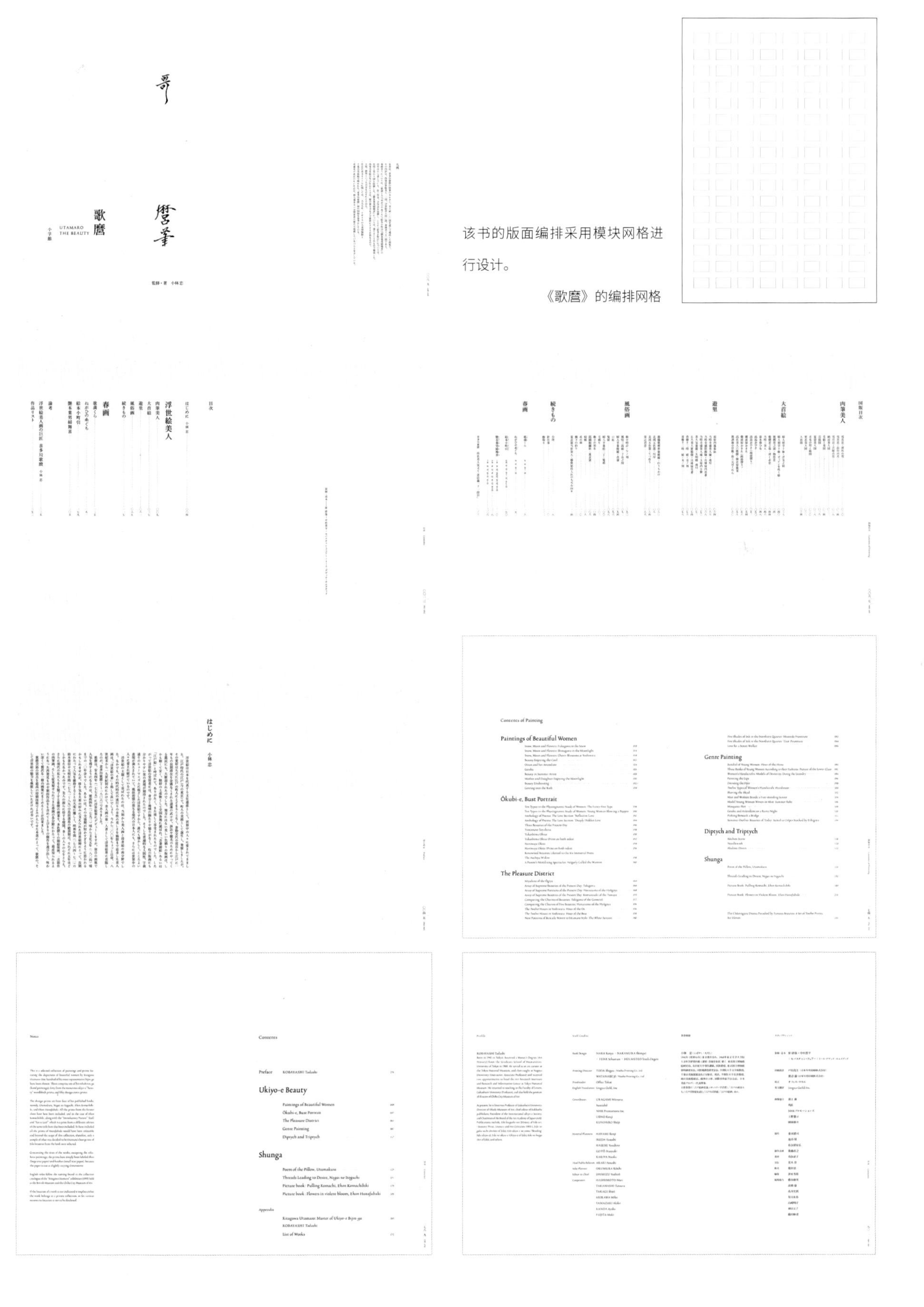

该书的版面编排采用模块网格进行设计。

《歌麿》的编排网格

婦人相学十躰・ポッピンを吹く娘

大判錦絵｜ホノルル美術館｜寛政四年（一七九二）～寛政五年頃

紅と白の市松模様に桜の花びらを散らした振袖を着るこの娘は、髪もきれいに結い上げており、良家の箱入り娘らしい。薄いガラスでできたポッピンというおもちゃを口にして、息を吐いたり吸ったり音を鳴らして、無邪気に遊んでいる姿が可愛らしい。

Ten Types in the Physiognomic Study of Women: Young Woman Blowing a Poppin

Ōban | Honolulu Academy of Arts | circa 1792-1793

This young girl dressed in a *furisode* (the swinging sleeves kimono worn by unmarried women) with cherry blossoms on a red and white checker pattern and having an immaculately groomed coiffure, seems to be the lovingly protected daughter of a reputable family. In her mouth she has a thin glass toy called a *poppin* that makes a sharp clicking and popping sound when it is blown or sucked. Her innocent nature can be seen in the playful abandon of her manner.

歌撰恋之部・物思恋

大判錦絵｜ボストン美術館（スポルディング・コレクション）｜寛政五年（一七九三）～寛政六年頃

眉を剃っているので、当時の習慣からこの女性は人妻だと知れる。物思う恋とは、嫁入り前の恋か、いま進行中の恋か、どうやら後者の可能性が濃厚である。けだるげな頬杖に心の重さを支えかねているようだし、視線の先も定まらず心が留守のようだ。

Anthology of Poems: The Love Section: 'Reflective Love'

Ōban | Museum of Fine Arts, Boston (The Spaulding Collection) | circa 1793-1794

In the Edo period, shaved eyebrows customarily confirmed a woman to be married. Whether her "reflecting on love" is about a romance before her marriage, or a concern with an amorous affair in progress, we cannot tell; but the latter is most likely the case. The listless way she cradles her chin seems to indicate her inability to support the heavy load on her mind, and the distant unfocused gaze gives the impression of a heart gone absent.

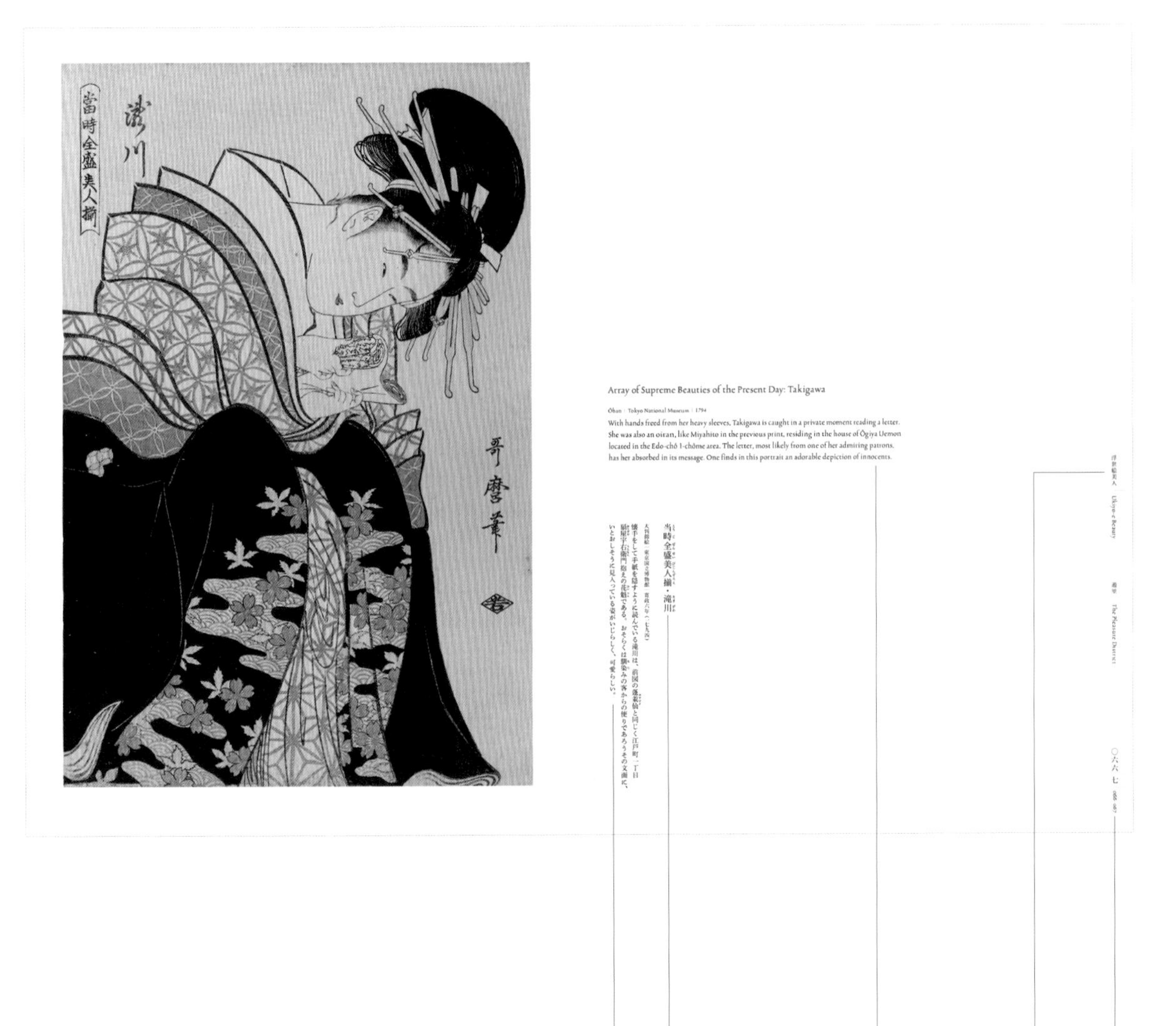

Array of Supreme Beauties of the Present Day: Takigawa
Ōban | Tokyo National Museum | 1794
With hands freed from her heavy sleeves, Takigawa is caught in a private moment reading a letter. She was also an oiran, like Miyahito in the previous print, residing in the house of Ōgiya Uemon located in the Edo-chō 1-chōme area. The letter, most likely from one of her admiring patrons, has her absorbed in its message. One finds in this portrait an adorable depiction of innocents.
当時全盛美人揃・滝川
正文
标题
页眉
页码

设计团队表示，精致的编排和大量的留白，凸显了画中美人的洁白，让她们的肌肤看起来比环绕版画的边缘还要白皙。

英文采用横排，日文采用传统竖排

韩国国家剧院戏剧季宣传海报和画册

设计：Jaemin Lee, Hyungwon Cho, Youjeong Lee, Dawoon Jeon

인사말
국립무용단
Greetings
National Dance Company of Korea

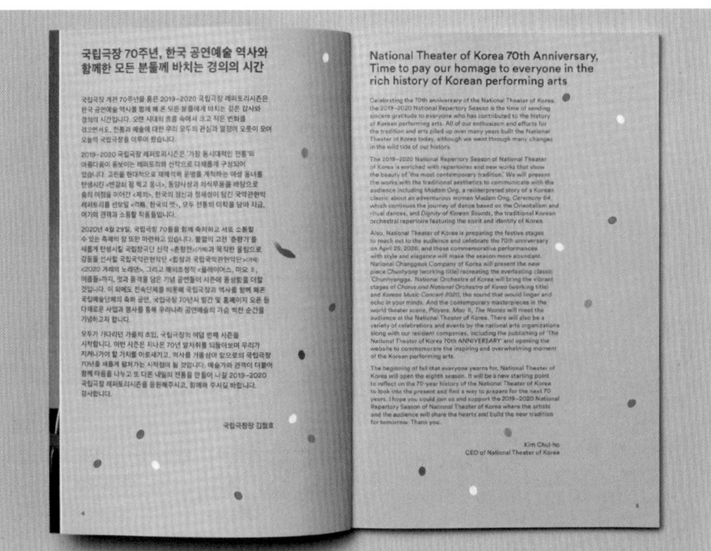
국립극장 70주년, 한국 공연예술 역사와 함께한 모든 분들께 바치는 경의의 시간
National Theater of Korea 70th Anniversary, Time to pay our homage to everyone in the rich history of Korean performing arts

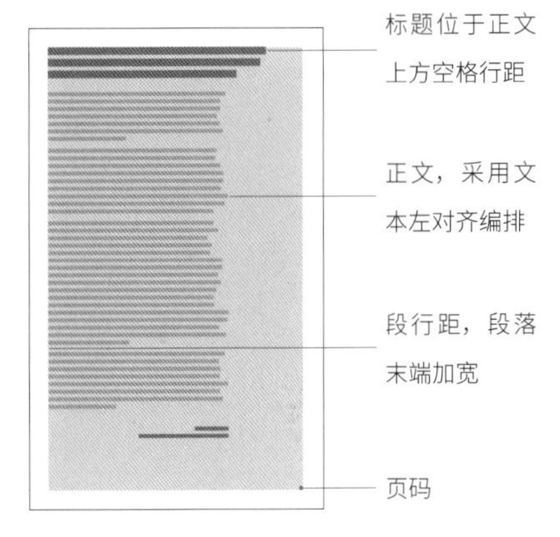
标题位于正文上方空格行距
正文，采用文本左对齐编排
段行距，段落末端加宽
页码

패왕별희
FAREWELL MY CONCUBINE

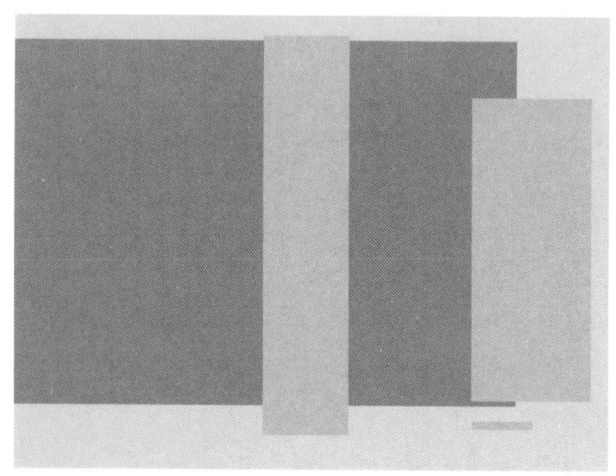

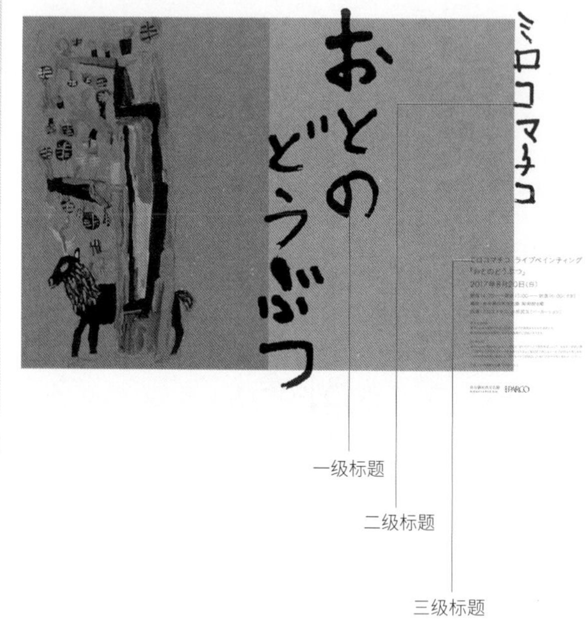

标题的等级以字号大小和位置变化表现。

“寻找动物”宣传品

商业中心和动物园为共同举办的夏季促销活动制作了一套推广产品，包括海报、邮册、徽章等。

设计：太原健一郎，Yuki Saito

いのかしら
しぜんぶんかえん × パルコ
STAMP RALLY
スタンプラリー
ミロコマチコ
どうぶつさがし
PARCO

ミロコマチコ
どうぶつ
さがし

版面图文编排的节奏

标点符号作为元素应用

下划线在这个版面中起到重要的视觉引导作用。

“野台系”餐酒会宣传物料

“野台系”是由一群来自各界的职人们组成的团体，期望以各自的专业穿针引线，并以热情奉献的心意， 将在地的各种元素结合，量身打造“在地飨宴”。

设计：汪平，高怀瑾

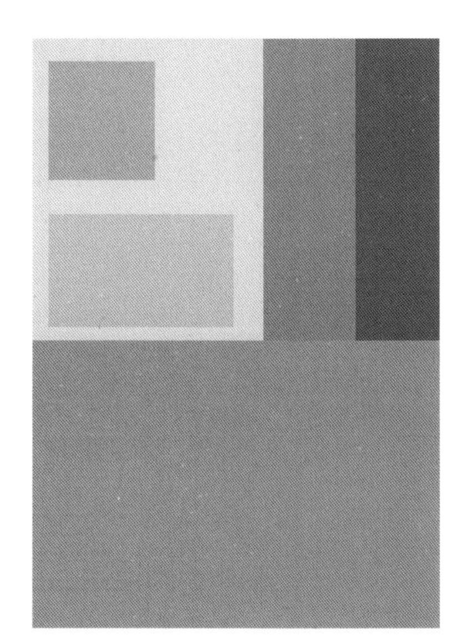

设计师将图文块面化，在版面中进行分割，构建清晰的信息传递。

模块网格

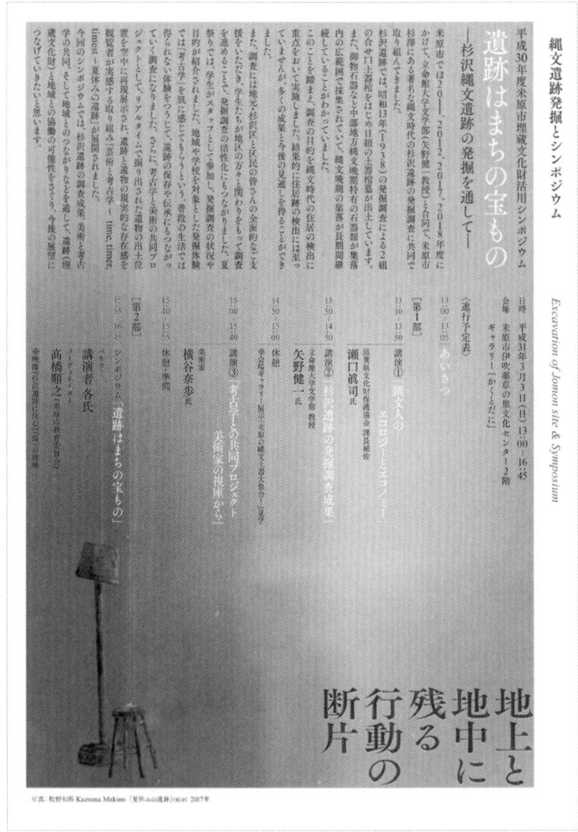

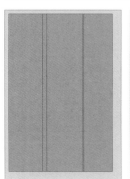

天头

左边距

右边距

注解

正文

二级标题

一级标题

地脚

版心

绳文遗迹发掘和展览 海报

日本绳文时代的遗迹考古文物展览的宣传海报。基于 “地球上的艺术和地上的考古学” 的概念，这些文物被现代艺术家们用棍子支撑起来在展览里展示出来，目的是为了还原碎片在泥土中的倾斜角度和方向。

设计：北原和规、藤井良平

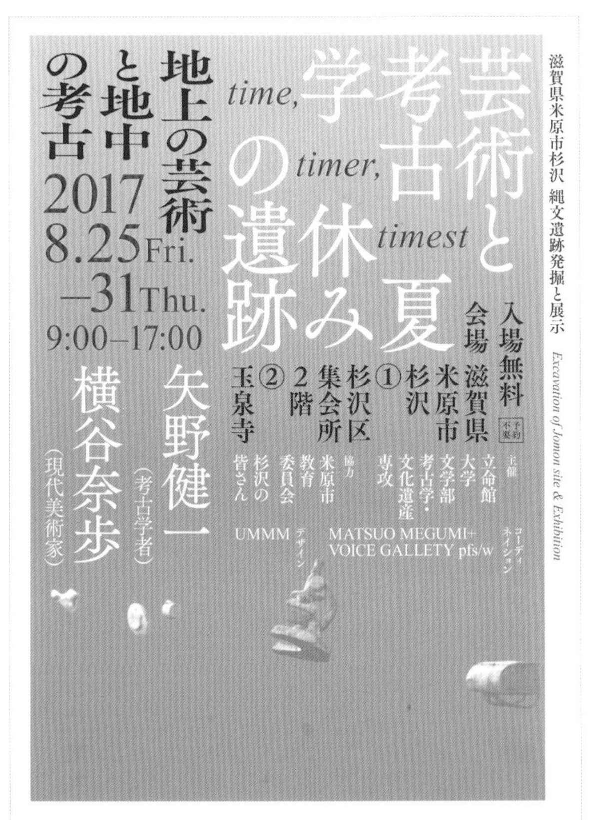

滋賀県米原市杉沢 縄文遺跡発掘と展示
Excavation of Jomon site & Exhibition
芸術と夏
考古休み
学の遺跡
time, timer, timest
入場無料 予約不要
会場 滋賀県米原市杉沢 ①杉沢区集会所2階 ②玉泉寺
主催 立命館大学文学部考古学・文化遺産専攻
協力 米原市教育委員会 杉沢の皆さん
コーディネイション MATSUO MEGUMI+VOICE GALLETY pfs/w
デザイン UMMM
地上の芸術と地中の考古
2017 8.25 Fri. –31 Thu.
9:00–17:00
矢野健一（考古学者）
横谷奈歩（現代美術家）

作为一个学术型展览，海报的文本信息非常多，设计师采用横竖排结合的方式进行文本编排，并通过色彩和字号的变化来构建信息层级。紧凑的文本集中在底图的上部分，代表着地面，版面下部分主要呈现考古挖掘的文物。

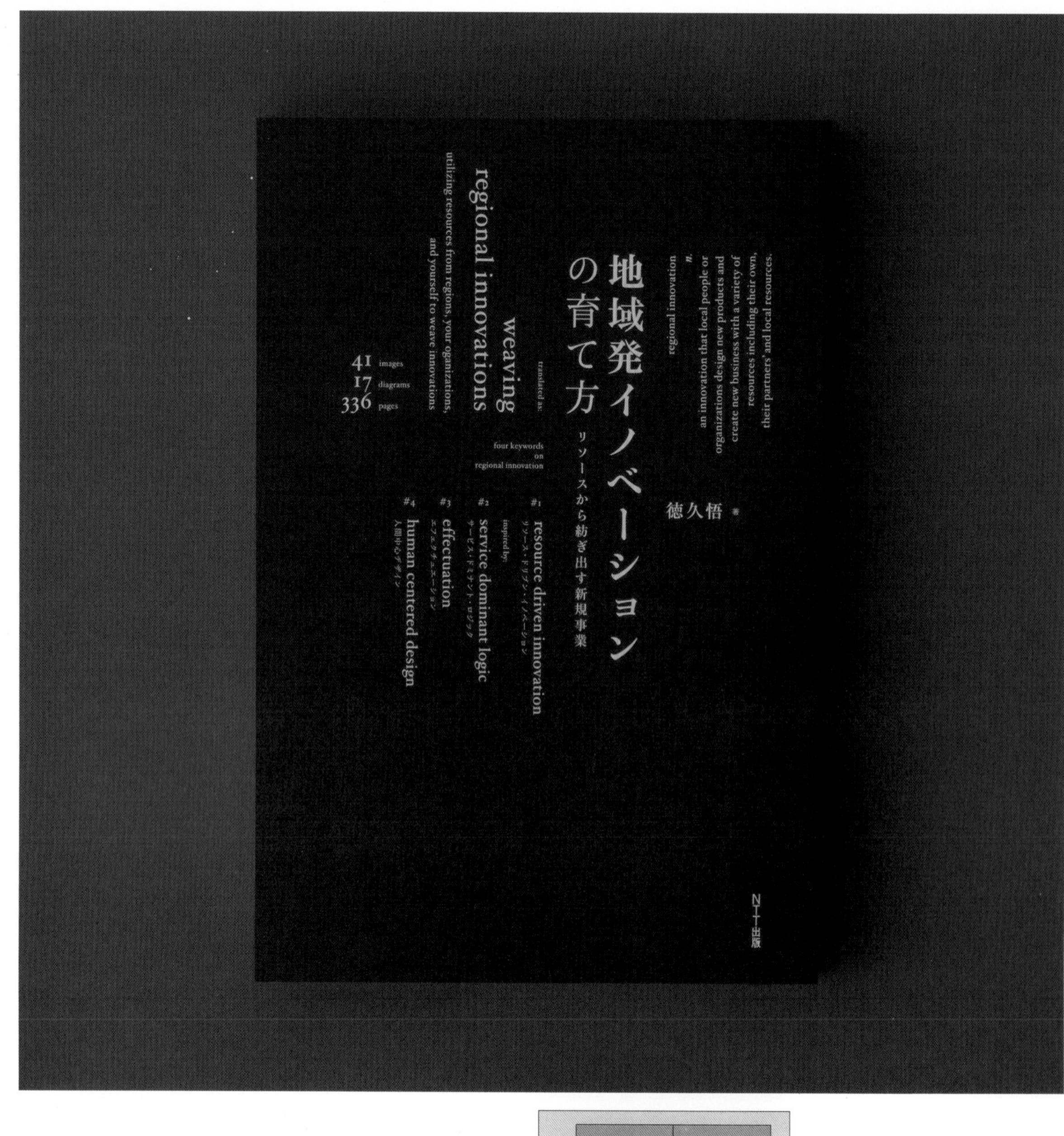

regional innovation
n.
an innovation that local people or organizations design new products and create new business with a variety of resources including their own, their partners' and local resources.
地域発イノベーションの育て方
リソースから紡ぎ出す新規事業
徳久悟 著
translated as:
weaving regional innovations
utilizing resources from regions, your oganizations, and yourself to weave innovations
41 images
17 diagrams
336 pages
four keywords on regional innovation
#1 resource driven innovation
inspired by:
#2 service dominant logic
#3 effectuation
#4 human centered design
NTT出版

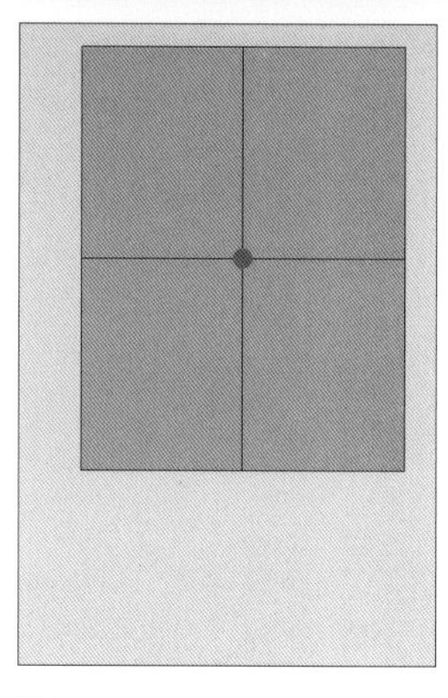

《编织区域创新》封面

这是一本讲利用地域资源开发产品的书籍。书中介绍区域间如何链接，联合创新，取得成功。

版心

设计：稻垣小雪

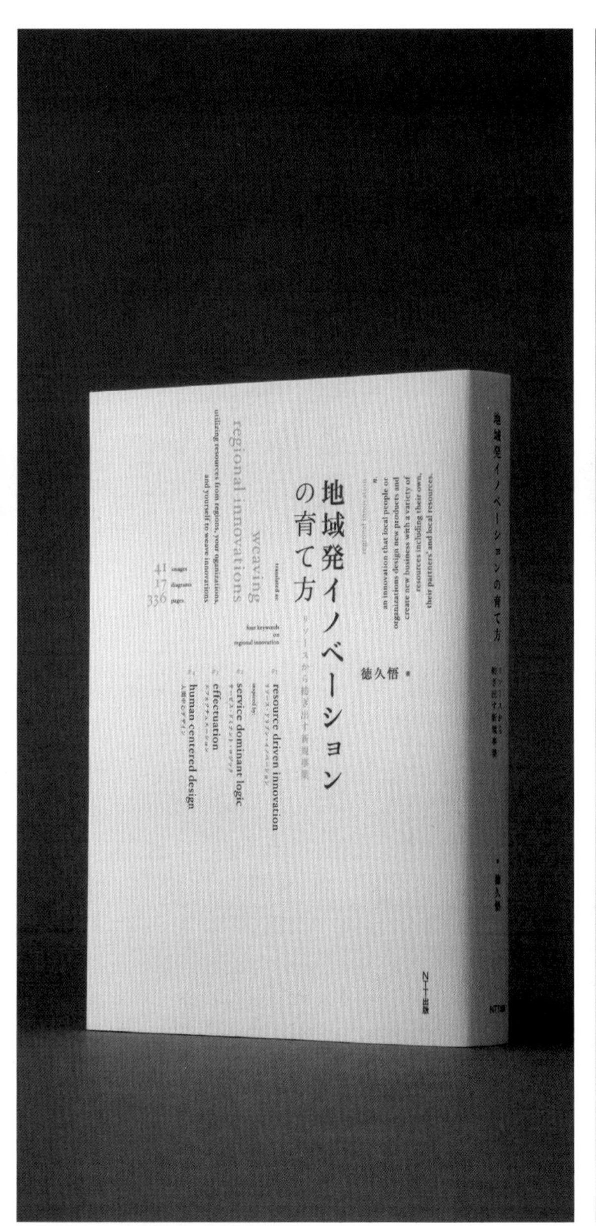

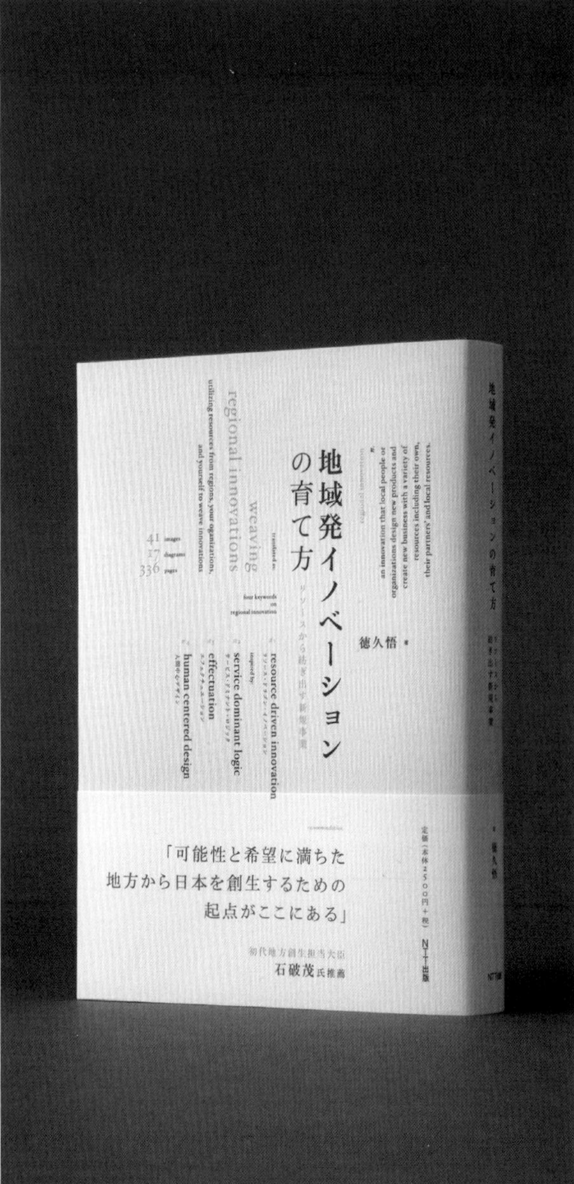

版面文本编排以“编织”的概念进行设计。版心设置在上部，通过中心点视觉规划，将视觉焦点聚焦在此处。再以横、竖排，文本阅读方向引导，字号变化，色彩差异构建出一个信息层级清晰、编排灵动有趣的版面效果。

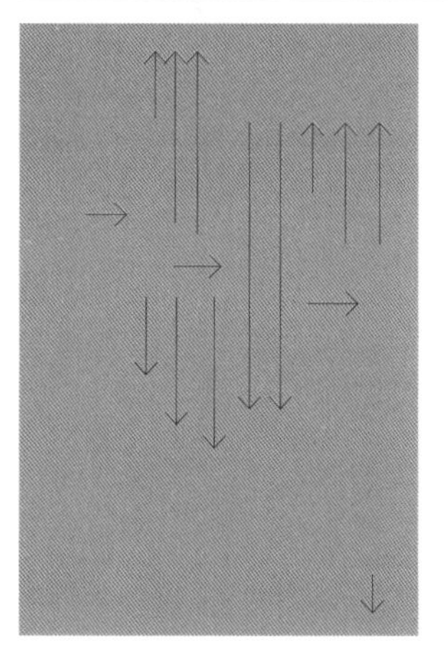

文本阅读方向

《酿电影》 创刊号封面与内页

一本专门介绍电影、导演、演员等动向的期刊。设计讲究艺术性和探索性，版面的图文编排体现灵活和自由。

设计：何昀芳，Chen Yi-Lo

凱薩琳・畢格羅
無視玻璃天花板的導演
導演創作專題
文／Lizzy Lin
Kathryn Bigelow
1987
Near Dark
1990
Blue Steel
1991
Point Break
1995
Strange Days
2000
The Weight of Water
2002
K-19
K-19: The Widowmaker
2008
The Hurt Locker
2012
Zero Dark Thirty
2017
Detroit
作者介紹
Lizzy Lin
034—035
三级标题
一级标题
二级标题
正文 1，文本左对齐
正文 2，文本双齐末行齐左
页码

Isao Takahata
高畑勳
熱愛生命與土地的藝術巨匠
導演創作專題
044—045

雷利・史考特
鄉關何處，惟有漂泊
Ridley Scott
054—055

吉勒摩・戴托羅
前往怪物們的天堂
文／桑妮
導演創作專題
Guillermo del Toro
020—021

李察・林克雷特
導演創作專題
致那些太長與過短的年少時代
文／孫雅為
030—031

我也想要有某種延續，
然後面對自己的老去。
汪正翔
鄧九雲
私
信
096—097

我也想要有某種延續，
然後面對自己的老去。
汪正翔
鄧九雲
End

第二章

版面设计的经典准则与方法

在对版面文本编排的摸索与发展过程中，前人总结出不少版面构成的准则和版式设计的方法，其中重要的版面构成准则包括范德格拉夫原理、奥内库尔图表、劳尔·洛萨利沃准则和奇肖尔德的秘密准则。重要的版式设计方法包括“三分法”、“黄金分割”和“斐波那契数列”等。对这些准则的学习了解，将会使我们在进行版式设计时更加有创意、有逻辑。而版面的视觉引导作为版式设计最重要的功能性问题，在理论知识的指导下进行针对性的定位思考和规划也将会更加精准。

范德格拉夫原理
奥内库尔图表
劳尔·洛萨利沃准则
奇肖尔德的秘密准则
三分法
黄金分割
斐波那契数列

范德格拉夫原理

范德格拉夫原理（Van de Graaf Canon）重构了曾经用于书籍设计中将页面划分为较为舒适比例的方法。这一原理也被称为“秘密原理”。在范德格拉夫原理中，文本区域和页面的长宽具有相同的比例，并且文本区域的高度等于页面宽度，而页面宽度的 1/9 为订口边距，2/9 为切口边距。

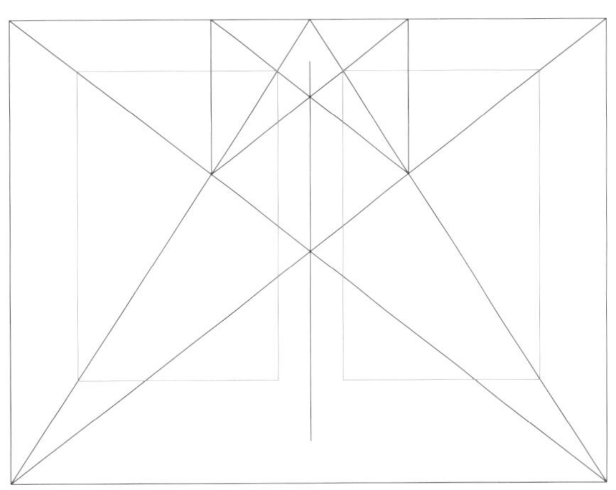

Mitsuji Kamata

镰田光司

绘形绘色：
镰田光司的蒸汽朋克动物乐园

蒸汽朋克（Steampunk）作为词汇起源于 20 世纪 80 年代后期，可被视为赛博朋克（Cyberpunk）一词诞生之后的变形。它由科幻小说家 K.W. Jeter 在科幻杂志《轨迹》中明确提出，是一个用来总结 Tim Powers《阿努比斯之门》、James Blaylock《侏儒》以及他自己的《莫洛克之夜》《混沌魔器》等维多利亚时代幻想风格文学作品的集合术语。此后，蒸汽朋克主要指代一种融合了19世纪、尤其维多利亚女王统治时期的工业蒸汽动力技术和设计工艺的科幻子类，设定多为蒸汽动力仍然保持主流使用的未来或架空世界。在这里，重型机械与精密的齿轮结构承担运转制动的要责，机能传输的相对低效令人力还得以于庞大的生产厂间占据一席之地，然而典型如飞艇、巨舰、蒸汽火车的新兴代步工具已然表达了人类凌驾于自然之上的蓬勃野心；其审美倾向则延续了十七八世纪欧洲巴洛克、洛可可式的归旨，崇尚烦琐精巧的装饰风格，突出表现之一是使用黄铜等金属美化器械，显示出工业产品与艺术作品之间界线模糊的特征，也寄寓着古典美学对于自然未知之力尚未消弭的敬畏之情。

蒸汽朋克类型的本质意义可以追溯至更早以前。在玛丽·雪莱于 1818 年发表的小说《科学怪人》中，那个由尸块和铆钉拼接起来的怪物形象容易令人联想到蒸汽世界里笨拙的人体改造，尽管这部被公认为科幻小说始祖的作品更多地是在吐露对工业科技发展可能带来的伦理问题的忧惧。1870 年，儒勒·凡尔纳的《海底两万里》完整出版，那艘在海平面之下避人耳目地建造起来的巨型潜艇鹦鹉螺号和其内部华美的装潢与蒸汽朋克审美趣味相投，是一场对大机器时代的恢宏礼赞。两者共同作为维多利亚时代产生的科学浪漫主义文学代表，被后世复古未来主义性质的蒸汽朋克类型爱好者奉为圭臬。

形式之外，值得关注的还有 1865 年出版的英国儿童文学《爱丽丝梦游仙境》，作者路易斯·卡罗尔描写了迷困于梦境的主角爱丽丝，她在极端不理性的深层意识内发生荒谬的经历，最终与杀戮无度的红皇后正面抗争，暗合了蒸汽朋克的叛逆内核：逃避现实与挑战规则。画家约翰·坦尼尔为这部作品绘制了一系列充满维多利亚时代社会时尚风情的插图，角色包括戴高顶礼帽、西装革履的兔子，以及用一只精致的锡制烟壶吸食水烟的毛毛虫。在 2010 年蒂姆·波顿执导的同名电影与 2011 年 Spicy Horse 工作室制作的游戏《爱丽丝：疯狂回归》中，均利用高帽、皮革、蒸汽装置、机械义肢等等视觉元素进行世界观呈现，是对原版中坦尼尔所塑造的经典之承袭，也加深了爱丽丝这一童话形象于蒸汽朋克类型的符号价值。

也正因具备这些辨识度极高的视觉符号——机器、齿轮、链条、烟雾，搭配古典英伦繁缛工巧的时尚，人类躲在旧日世界的美丽外壳里推开那扇大门，迎接现代的雏形——蒸汽朋克作为科幻主题的一个分支，常见于许多以其他分支为主的混合类型当中。此外，鉴于媒介和受众主体的多样化，蒸汽朋克同时也在音乐、装置、游戏、配件、时装、平面设计等许多领域

※ 镰田光司开始关注到蒸汽朋克类型是在十四五年前，在日本偶尔可以听到“蒸汽朋克”这个说法的时候。这个世界充满了他自小就喜欢的东西，毋庸置疑，一下子就迷上了。之后，他开始从网络和国外的书籍中查找有关蒸汽朋克的资料，原来蒸汽朋克在国外已经很成熟了，已经融入时装时尚、室内装饰设计当中。如今，蒸汽朋克在日本也成为人人皆知的一个流派了。

镰田光司
日本原型艺术家
kamaty.sakura.ne.jp

末那工作室
中国高端模型厂牌
manaswrkshop.com

蒸汽朋克STEAMPUNK | 003

004

奥内库尔图表

类似于范德格拉夫提出的原理，奥内库尔图表运用数学的方法得到另外一种页边距比例固定的“和谐”版面。这一原理由法国建筑师维朗·德·奥内库尔（Villard De Honnecourt）提出。

与范德格拉夫原理不同的是他把一条直线三等分、四等分、五等分，以此类推，由此可以得到上方的页边距比例为六分之一、九分之一、十二分之一的网格结构。

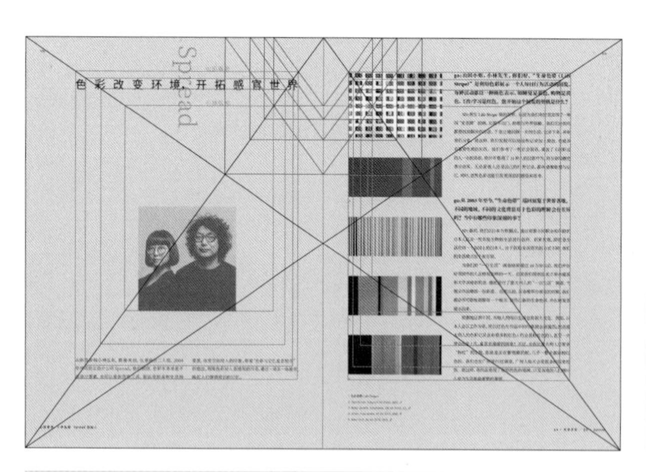

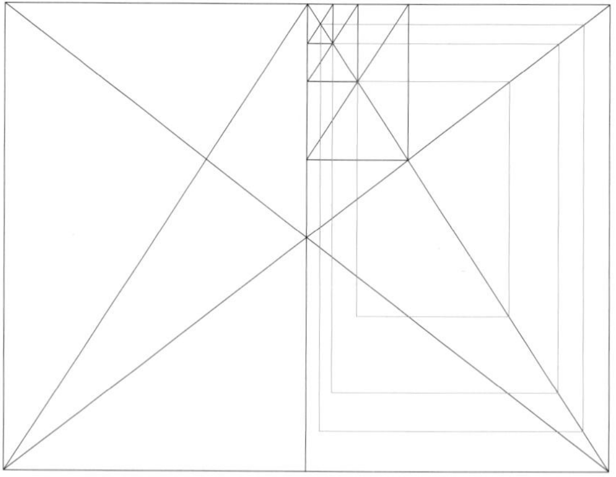

Spread

山田春奈

色 彩 改 变 环 境，开 拓 感 官 世 界

小林弘和

山田春奈和小林弘和，既是夫妇，也是设计二人组，2004年共同创立设计公司Spread。他们相信，色彩不单单是平面设计要素，也可以是装饰性工具，能运用到各种生活场景里，改变空间给人的印象。带着“色彩与记忆息息相关”的想法，利用色彩对人类感知的作用，通过一场又一场展览，唤起人们情感背后的记忆。

山田春奈、小林弘和：Spread 创始人

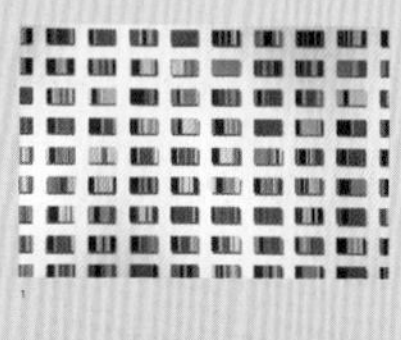

1

2

3

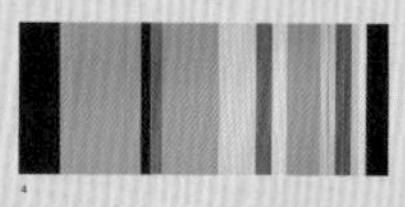

4

5

1. 生命色带（Life Stripe）
2. Taxi Driver, Tokyo,11.04.2005, (50), ♂
3. Baby Giraffe, Yokohama, 26.05.2012, (0), ♂
4. Artist, Fukushima, 14.03.2011, (56), ♀
5. New York, 30.05.2012, (60), ♂

ga：山田小姐，小林先生，你们好。“生命色带（Life Stripe）”是利用色彩展示一个人每日行为活动的展览，每种活动都以一种颜色表示，如睡觉是蓝色，购物是黄色，工作/学习是红色。您开始这个展览的契机是什么？

SD：萌生 Life Stripe 展的契机，是因为我们有位朋友得了一种叫“家里蹲”的病，长期不出门，拒绝与外界接触。我们无论如何都想找到解决的办法，于是让她回顾一天的生活，记录下来，并和我们分享。就这样，我们发现可以给这些记录加上颜色，变成具有鉴赏性质的东西。我们参考了一些社会资讯，调查了不同职业的人一天的活动，统计并整理了21种人的日常行为，再分别用颜色表示出来。无论是他人还是自己的行为记录，都传递着能量与记忆，同时，这些色彩也能引发更深层的感受和思考。

ga：从2003年至今，“生命色带”巡回展览于世界各地。不同的地域、不同的文化背景对于色彩的理解会有差异吗？当中有哪些印象深刻的事？

SD：最初，我们以日本为根据点，通过观察不同职业和年龄的日本人以及一些其他生物的生活进行创作。后来发现，即使是生活在同一个岛国上的日本人，由于获取生活资讯的方式不同，他们的生活模式也千差万别。

当我们的“一日生活”调查结果超过10万份以后，我们开始好奇国外的人会拥有怎样的一天。后来我们得到在米兰举办展览和大学讲座的机会，借此进行了意大利人的“一日生活”调查，为展示作品增添一份新意。自那以后，在各地举办展览的时候，我们都会尽可能地观察每一个地方，创作出新的生命色带，并在展览里展示出来。

根据地区的不同，当地人的每日生活也有很大变化。例如，日本人会以工作为荣，所以红色在作品中的印象就会很强烈；然而意大利人的色彩记录会有很多粉红色（约会是粉红色的），甚至一天里会出现3次，真是充满爱的国度！不过，也有比意大利人还要更“粉红”的生物，那就是正在繁殖期的蛇，几乎一整天都是粉红色的。我们也在广州进行过调查，广州人每天会花很多时间来吃饭。就这样，用作品表现了形形色色的地域，以及当地的人们将什么视为生活里最重要的事情。

ga × 光体文化 / SD × Spread

劳尔·洛萨利沃准则

接近于范德格拉夫原理，阿根廷的劳尔·洛萨利沃（Raúl Mario Rosarivo）在 1947 年发现古腾堡及其同时期的书籍中的页面构建秘密。

该准则就是把版面的高和宽分别 9 等分，构成一个 9 x 9 的网格，然后利用页面对角线，在高和宽中各取 6 等份确定版心。

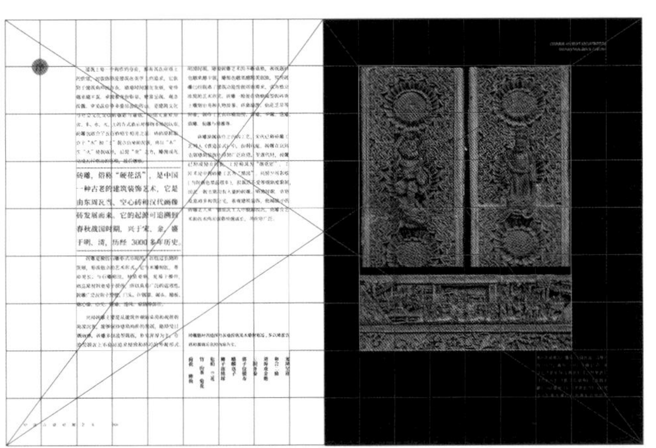

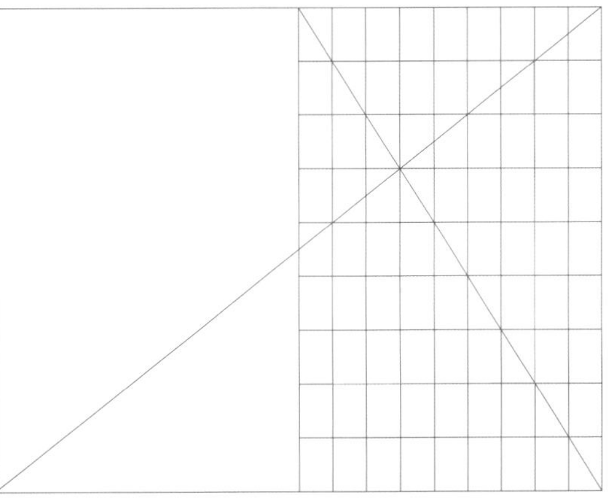

建筑上每一个构件的存在，都有其在应用上的价值，而装饰则是建筑在美学上的追求，它依附于建筑构件而存在，随着时间演化发展，变得越来越丰富，承载着身份彰显、财富呈现、观念传播、审美品位等多重信息的传达，是建筑文化与社会文化交结的缩影与凝炼。中国人喜欢用金、木、水、火、土的方式表示对事物本体的认知，砖雕也暗合了五行的相生相克之道：砖的原料取自于“水”和“土”混合出来的泥筋，再以“木”生“火”烧制成坯，后借“金”之力，雕凿成花，完成五行相合的历程，最后镶嵌。

砖雕，俗称“硬花活”，是中国一种古老的建筑装饰艺术，它是由东周瓦当、空心砖和汉代画像砖发展而来。它的起源可追溯到春秋战国时期，兴于宋、金，盛于明、清，历经 3000 多年历史。

砖雕是模仿石雕形式出现的，后经过长期的发展，形成独立的艺术形式。它与木雕相比，寿命更长；与石雕相比，材质更软，更易于操作，而且原材料更易于获得，所以具有广泛的适用性。砖雕广泛应用于照壁、门头、什锦窗、墀头、檐板、廊心墙、山尖、院墙、透风、屋顶等部位。

民间砖雕主要是从建筑外观的实用和观赏的角度出发，能够保持建筑构件的坚固，能经受日晒雨淋。砖雕多以造型简练，朴实浑厚为主，在造型语言上不盲目追求细致和纤巧的外观形式。

明清时期，随着砖雕艺术的不断成熟，表现题材也越来越丰富，雕刻也越来越精美细致，有些砖雕已经脱离了建筑功能性使用的需求，成为独立欣赏的艺术形式。砖雕一般是在烧制成型的砖块上雕刻出各种人物故事、祥禽瑞兽、仙花芝草等形象，制作工艺有印模烧塑、浮雕、平雕、透雕、圆雕、贴雕与嵌雕等。

砖雕原属砖作之内的工艺，宋代已将砖雕工艺列入《营造法式》中。自明代起，砖雕在民间宅第建筑装饰中得到广泛应用。至清代时，砖雕已形成独立行业，工匠称其为“凿花匠”，工匠术论中称砖雕工艺为“黑活”，民居少用彩绘（当时颜色禁忌很多），但黑活不受等级制度限制，因此一般宅第均有大量的砖雕。明清时期，官宦及富商多构筑巨宅，重视建筑装饰，使城镇中的砖雕艺人从一般泥瓦工人中脱颖而出，砖雕在艺术和技术两方面都快速成长，并应用广泛。

砖雕题材的选择与其他传统美术题材相近，多以寓意吉祥和喜闻乐见的内容为主。

龙凤呈祥
和合二仙
刘海戏金蟾
三阳开泰
郭子仪做寿
麒麟送子
狮子滚绣球
松柏 兰花
竹 山茶 菊花
荷花 鲤鱼

中 国 古 建 砖 雕 艺 术 008

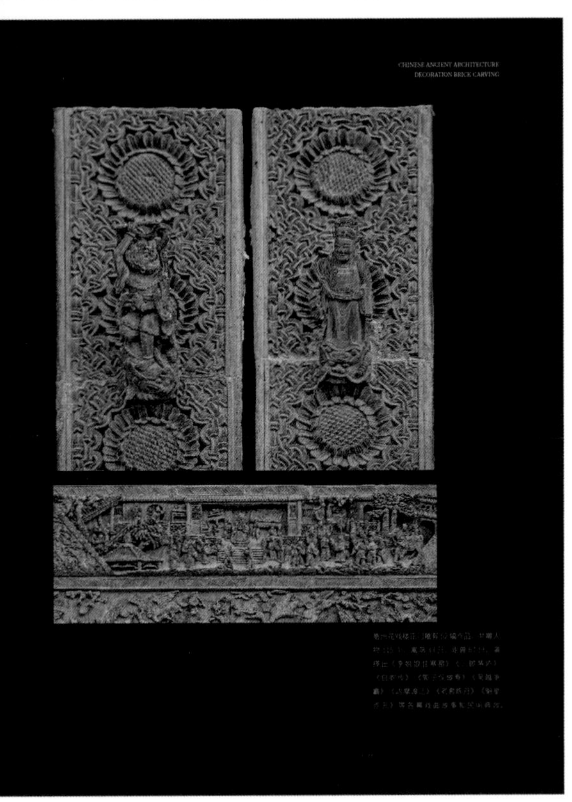

奇肖尔德的秘密准则

德国的扬·奇肖尔德（Jan Tschichold）是 20 世纪最伟大的版式及字体设计师之一。他提出了一个更为简单的方法，在页面上划定一个黄金矩形，用版面的高度减去宽度后分成 9 等份，订口、天头、切口、地脚的页边距各取 2∶3∶4∶6 份，以此来确定版心位置。

这一准则使页边距的比例和斐波那契数列、黄金比例几乎一致，它所构建的版心和整个页面比例和谐美观。

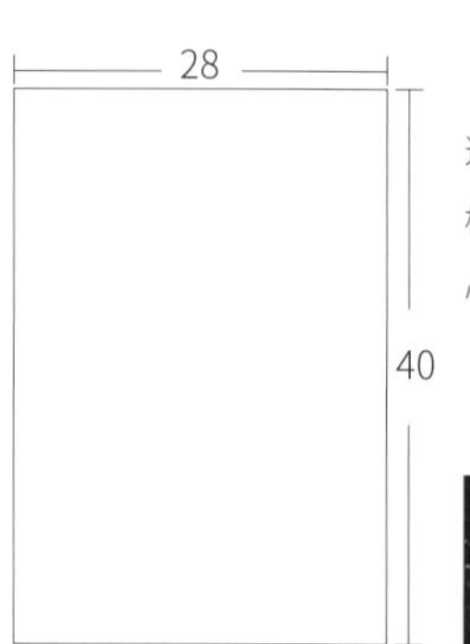

（40—28）÷9=1.3···（取 1.3）

这个 1.3 即为奇肖尔德准则里的标准框格边长，然后用这个框格来构建版心，如图所示。

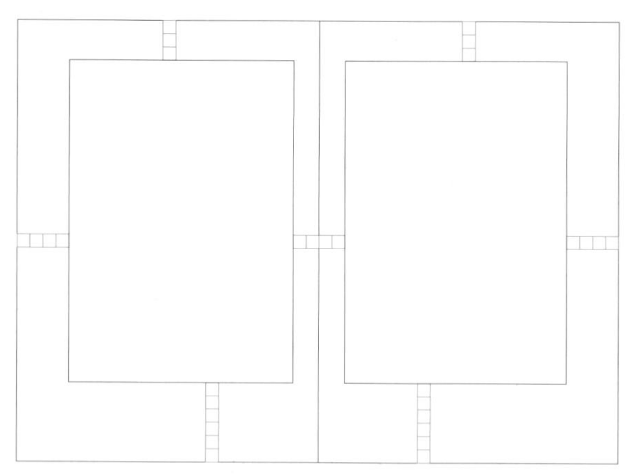

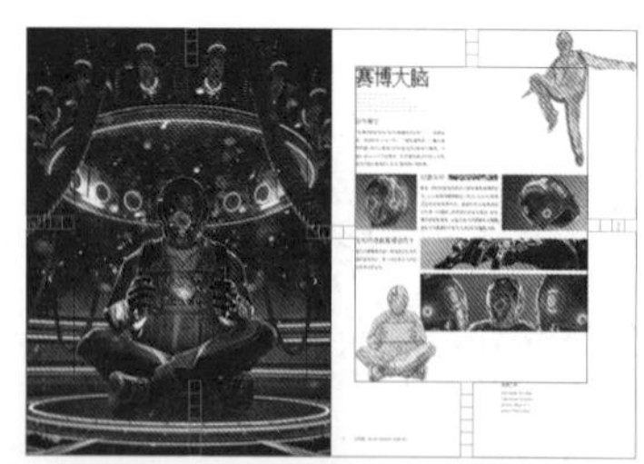

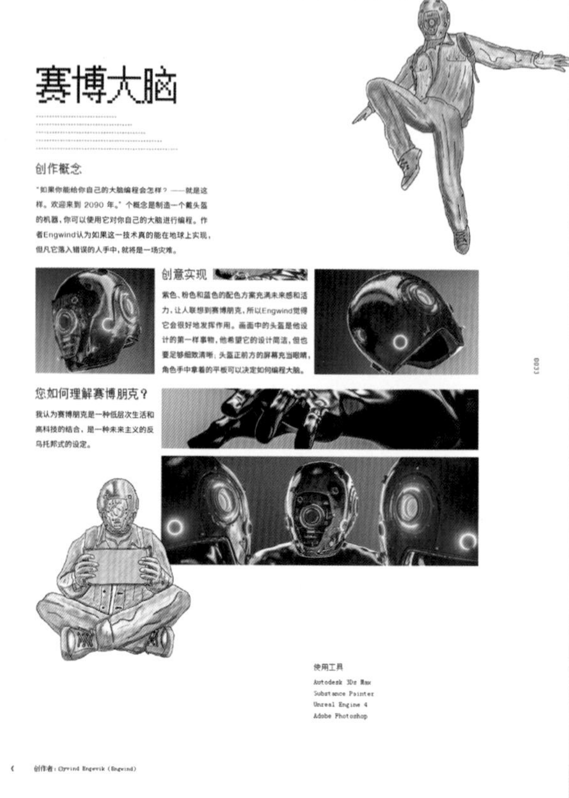

赛博大脑

创作概念

"如果你能给你自己的大脑编程会怎样？——就是这样。欢迎来到 2090 年。"个概念是制造一个戴头盔的机器，你可以使用它对你自己的大脑进行编程。作者Engwind认为如果这一技术真的能在地球上实现，但凡它落入错误的人手中，就将是一场灾难。

创意实现

紫色、粉色和蓝色的配色方案充满未来感和活力，让人联想到赛博朋克，所以Engwind觉得它会很好地发挥作用。画面中的头盔是他设计的第一样事物，他希望它的设计简洁，但也要足够细致清晰；头盔正前方的屏幕充当眼睛，角色手中拿着的平板可以决定如何编程大脑。

您如何理解赛博朋克？

我认为赛博朋克是一种低层次生活和高科技的结合，是一种未来主义的反乌托邦式的设定。

使用工具

Autodesk 3Ds Max
Substance Painter
Unreal Engine 4
Adobe Photoshop

创作者：Øyvind Engevik（Engwind）

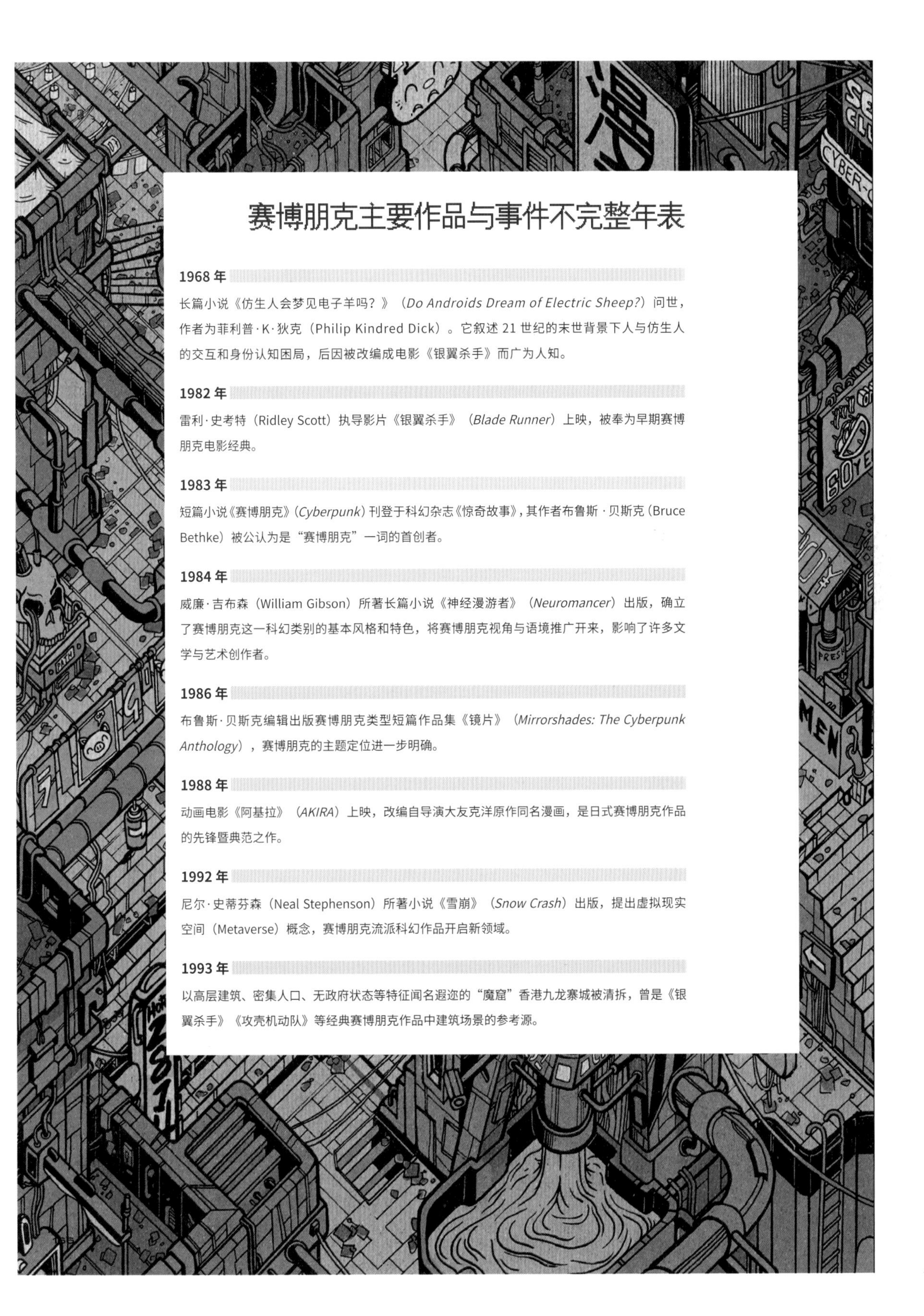

赛博朋克主要作品与事件不完整年表

1968 年

长篇小说《仿生人会梦见电子羊吗？》（*Do Androids Dream of Electric Sheep?*）问世，作者为菲利普·K·狄克（Philip Kindred Dick）。它叙述 21 世纪的末世背景下人与仿生人的交互和身份认知困局，后因被改编成电影《银翼杀手》而广为人知。

1982 年

雷利·史考特（Ridley Scott）执导影片《银翼杀手》（*Blade Runner*）上映，被奉为早期赛博朋克电影经典。

1983 年

短篇小说《赛博朋克》（*Cyberpunk*）刊登于科幻杂志《惊奇故事》，其作者布鲁斯·贝斯克（Bruce Bethke）被公认为是“赛博朋克”一词的首创者。

1984 年

威廉·吉布森（William Gibson）所著长篇小说《神经漫游者》（*Neuromancer*）出版，确立了赛博朋克这一科幻类别的基本风格和特色，将赛博朋克视角与语境推广开来，影响了许多文学与艺术创作者。

1986 年

布鲁斯·贝斯克编辑出版赛博朋克类型短篇作品集《镜片》（*Mirrorshades: The Cyberpunk Anthology*），赛博朋克的主题定位进一步明确。

1988 年

动画电影《阿基拉》（*AKIRA*）上映，改编自导演大友克洋原作同名漫画，是日式赛博朋克作品的先锋暨典范之作。

1992 年

尼尔·史蒂芬森（Neal Stephenson）所著小说《雪崩》（*Snow Crash*）出版，提出虚拟现实空间（Metaverse）概念，赛博朋克流派科幻作品开启新领域。

1993 年

以高层建筑、密集人口、无政府状态等特征闻名遐迩的“魔窟”香港九龙寨城被清拆，曾是《银翼杀手》《攻壳机动队》等经典赛博朋克作品中建筑场景的参考源。

三分法

将画布水平和垂直地划分成三个大小相等的部分，即得到一个 3×3 的网格，划分画面的四条线所形成的四个交点的位置，可以用于放置设计中想要突出或者主导画面的重要设计元素。

三分法可以帮助你找到视觉兴趣点及画面平衡点。设计元素靠近四个交点中任意一个都将让这个元素更加突出；相反，当元素距离交点越远，得到的注意力也将减少。

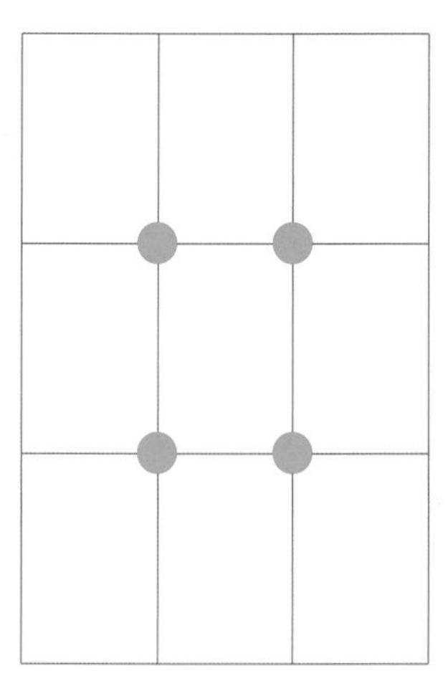

三分法

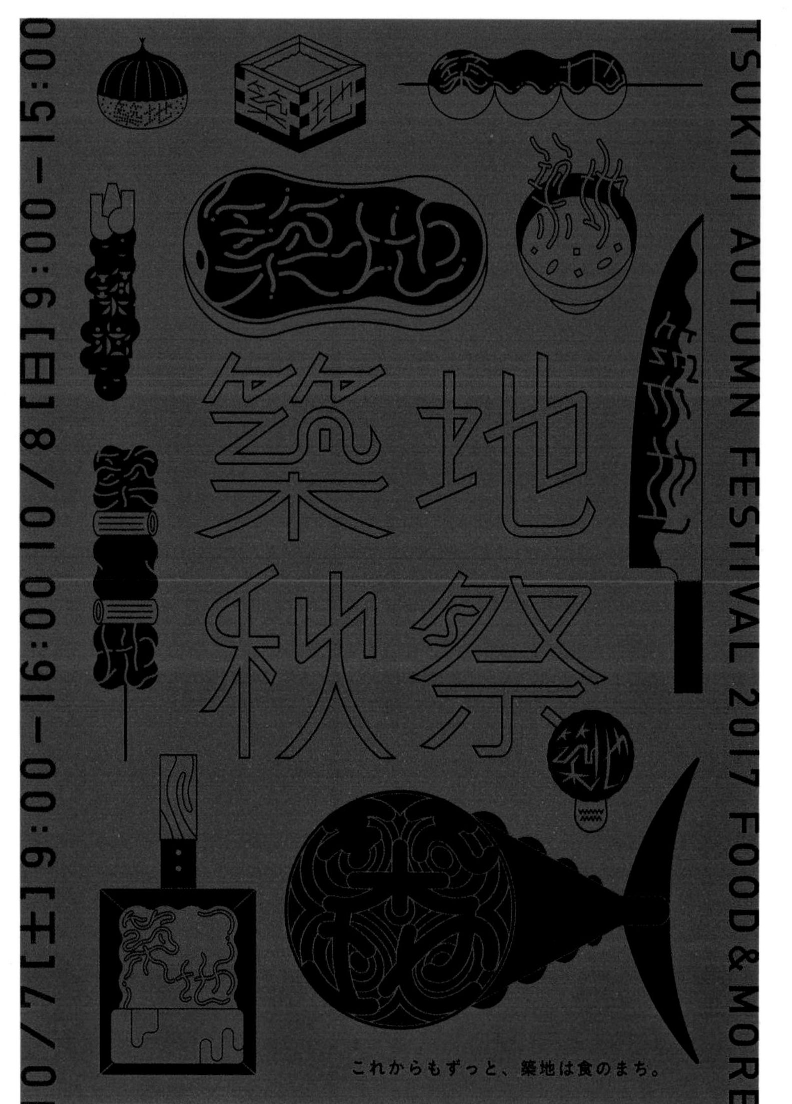

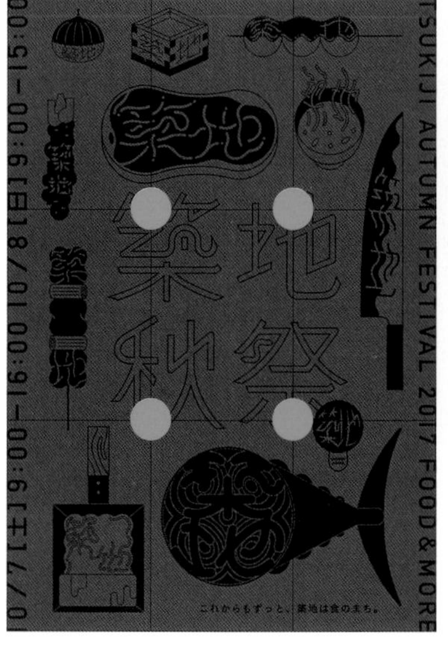

设计：原健三

黄金分割

黄金分割的公式为 a:b=b:(a+b)。是指将整体一分为二，较大部分与整体部分的比值等于较小部分与较大部分的比值，其比值（a：b）约为 0.618。这个比例被公认为是最能引起美感的比例，因此被称为黄金分割。

斐波那契数列

又称黄金分割数列，从该数列的第三个数字开始，前两个数字相加得到数列中的下一个数字：0，1，1，2，3，5，8，13，21，34，…

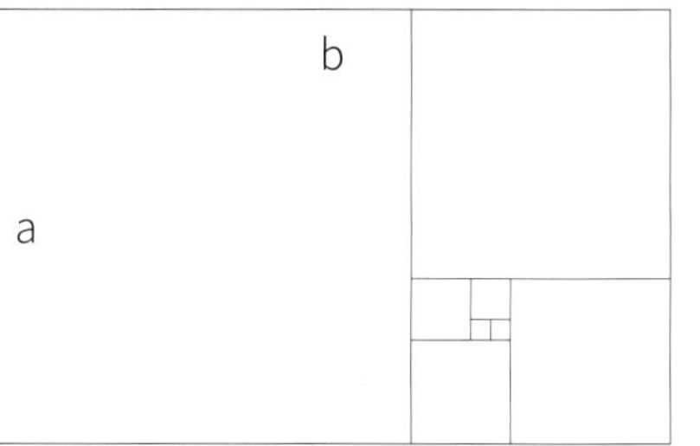

黄金分割

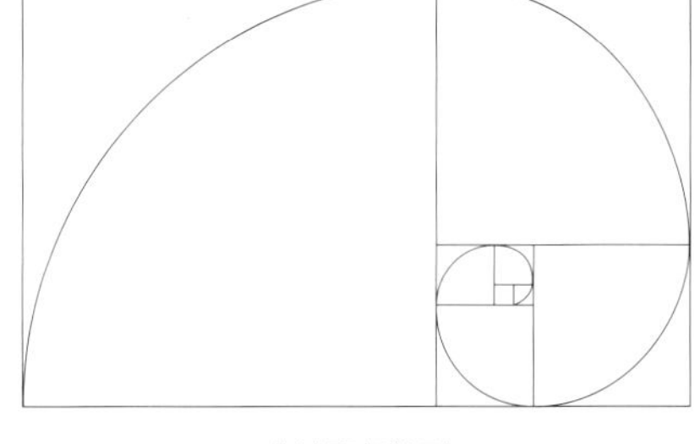

斐波那契数列

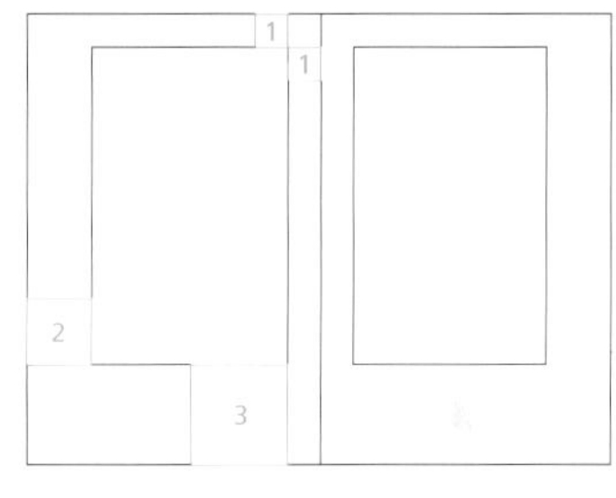

采用黄金分割创建的版面

设计：Kazunori Gamo, Shiho Fujioka

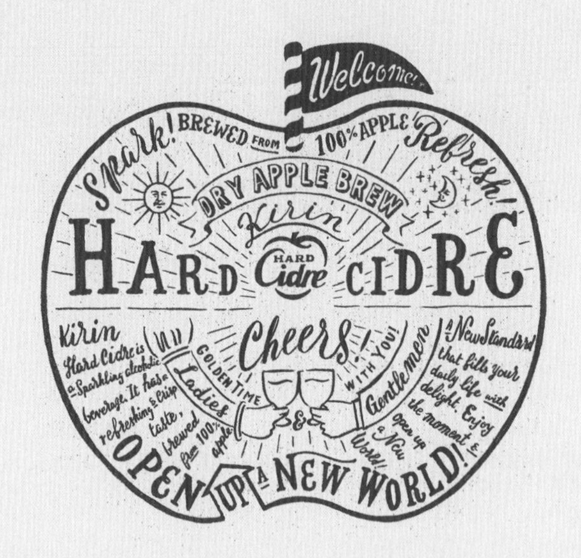

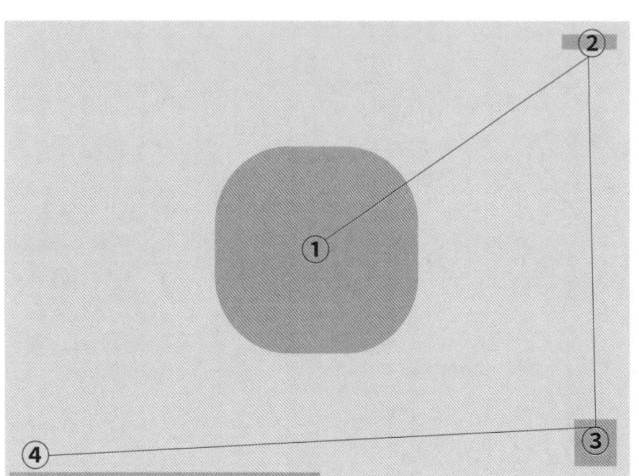

版面通过大小、位置、色彩构建视觉流程

三分法

麒麟苹果酒广告

商品广告最重要的是受众的视觉焦点落在商品本身上，设计师通过三分法和中心点视觉流程的规划很好地解决了这个问题。

中心点视觉流程

设计：Rumiko Kobayashi

KIRIN
Welcome
Spark! BREWED FROM 100% APPLE Refresh!
DRY APPLE BREW
HARD CIDRE
HELLO! 9.27 SEPTEMBER TWENTY SEVEN Tue.
DEBUT
OTONA NO RINGO KIRIN HARD CIDRE
Cheers WITH YOU!
OPEN UP A NEW WORLD!
オトナのリンゴ、
ハードシードル。

KIRIN
Welcome
Spark! BREWED FROM 100% APPLE Refresh!
DRY APPLE BREW
HARD CIDRE
DRY APPLE BREW
Cheers WITH YOU!
OPEN UP A NEW WORLD!
オトナのリンゴ、
ハードシードル。

KIRIN
Welcome
Spark! BREWED FROM 100% APPLE Refresh!
DRY APPLE BREW
HARD CIDRE
OTONA no RINGO
Cheers WITH YOU!
OPEN UP A NEW WORLD!
オトナのリンゴ、
ハードシードル。

单栏网格

巴西原住民的长椅：人类的想象力和野生动物海报

展览的宣传海报，版面的图文编排应用了多种网格和黄金分割。

设计：大西隆介

Indigenous Peoples

Benches of the Brazilian

謹啓　時下ますますご清祥のこととお慶び申し上げます。

さて、このたび東京都庭園美術館では、「ブラジル先住民の椅子── 野生動物と想像力」展を開催する運びとなりました。

ブラジルのアマゾン河流域に居住する先住民たちは、いまも一本の丸太から彫り出す技法で、椅子をつくりつづけています。それらは、先住民たちが野生動物の観察から感受した初発的な宗教感情や、そこから羽ばたいていった自由な想像力をいまに伝えています。

本展は、サンパウロの出版社であるベイ出版が蒐集した約350点の“先住民の椅子”のなかから92点を選び、紹介するものです。

つきましては一般公開に先立ち、特別鑑賞会を開催いたします。ご多用の折とは存じますが、ぜひとも出席賜りますようご案内申し上げます。

謹白

2018年6月

東京都庭園美術館
公益財団法人東京都歴史文化財団
日本経済新聞社

It is an honor for us to announce the upcoming exhibition, *"Benches of the Brazilian Indigenous Peoples: Human Imagination and Wildlife,"* at Tokyo Metropolitan Teien Art Museum.

The indigenous peoples who reside in the Amazon basin are still producing benches by sculpting solid blocks of wood. Those productions convey to the present day the religious feelings in their primal state of the original population inspired by wildlife and the flowering of their unrestricted imagination.

The exhibition features a selection of 92 benches from among some 350 *"indigenous benches"* collected by BEĨ in São Paulo.

We cordially invite you to the special preview and reception which will take place as detailed below prior to the public opening.

Yours sincerely,
June 2018

Tokyo Metropolitan Teien Art Museum
Tokyo Metropolitan Foundation for History and Culture
Nikkei Inc.

特別鑑賞会

日時　2018年6月29日(金)
17:00－19:00(受付17:00－)
会場　東京都庭園美術館
東京都港区白金台5-21-9　Tel 03-3443-0201
アクセス　[目黒駅] JR山手線 東口／東急目黒線 正面口より徒歩7分
[白金台駅] 都営三田線／東京メトロ南北線 1番出口より徒歩6分

*当日は本状封筒を受付にご提示ください。
*17:30より新館ギャラリー2におきまして開会の挨拶がございます。
*当日ご来館になれない場合は、本状封筒にて会期中2名様までご入場いただけます。

Special Preview and Reception

Date: Friday, June 29, 2018
Time: 17:00－19:00 (Reception desk will be open from 17:00)
Place: Tokyo Metropolitan Teien Art Museum
5-21-9, Shirokanedai, Minato-ku, Tokyo
Tel +81 (0) 3 3443 0201
Access　Nearest station: Meguro or Shirokanedai

* Please present the envelope at the reception desk. * The opening speech will start at 17:30 in Gallery 2, in the Annex. * If you are unable to join us on the Special Preview, you may present the envelope for admission for two to the exhibition.

ブラジル
先住民の
椅子 野生動物と
想像力
Benches of the Brazilian
Indigenous Peoples:
Human Imagination
and Wildlife
2018.6.30 sat－9.17 mon

双栏网格

1	1.618

黄金分割

斐波那契数列

“各种各样的大叔”画展宣传单

插画师 Kozue Ichihara 以“大叔”为目标创作的主题画展，宣传品的设计利用斐波那契数列的方法将观众的视觉焦点引导至“大叔”的形象上。

设计：藤田雅臣

2017.10.23(mon)-11.5(sun)
12:00-20:00 OPEN | 最終日16:00迄 | 水曜(10.25/11.1)休
イチハラコズエ
monogram
学芸大学駅徒歩3分「monogram」の2階で「いろんなおじさん展」を開催します。居眠りをするおじさん。散歩をするおじさん。新聞を読むおじさんetc...
30人以上のいろんなおじさんを柔らかいタッチのイラストで展示します。秋のお散歩やカフェめぐりの途中に、ふらりと立ち寄って頂けたら嬉しいです。
ojisan

基线网格

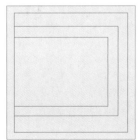

层级网格

第三章

版面网格系统

网格（Grid）系 Gridiron 的简写，意为格栅、网栅或网格。作为一种控制形式的技术方法，早在 20 世纪 20 年代，德国、荷兰、俄罗斯、瑞士等国的平面设计师、字体排印师和摄影师们就已以此来构思作品，并在不断的思考和探索中逐步归纳总结。直到当下网格系统的运用依然作为版面编排的重要法则在发挥作用。

网格又叫标准尺寸系统，是一种运用固定的格子设计版面的方法，即利用页面上预先确定好的网格，按照一定的视觉原则在网格内分配文字、图片、标题等元素。

该系统不是简单地将文字、图片等要素并置，而是遵循画面结构中的相互联系，发展出一种形式法则。它的特征是重视比例、秩序、连续感和现代感。当我们把技巧、感觉和栅格这三者融合在一起灵活地进行设计时，就会产生精美大方、令人印象深刻的版面，并在整体上给人一种清新感和连续感，具有与众不同的统一效果。

同时，设计工作也因此更加方便，设计者不会再因图与图之间的距离、文字与图之间的关系等方面的问题而伤脑筋。尤其是在有大量图文编排需求的图书、杂志等领域，通过网格系统的规范指导后，在工作完成后不会出现凌乱和形式不统一的问题。

版心

一个页面内，除去页边距，剩下的部分叫作“版心”。在一个版面中设置网格系统之前， 首先需要确定的是版心。在确定版心之前，设计师必须要先明确设计的目的和项目需要的设计调性。最好的办法就是先勾画草图，在草图中充分考虑图文关系的细节，尽可能真实地模拟出图文的尺寸比例。

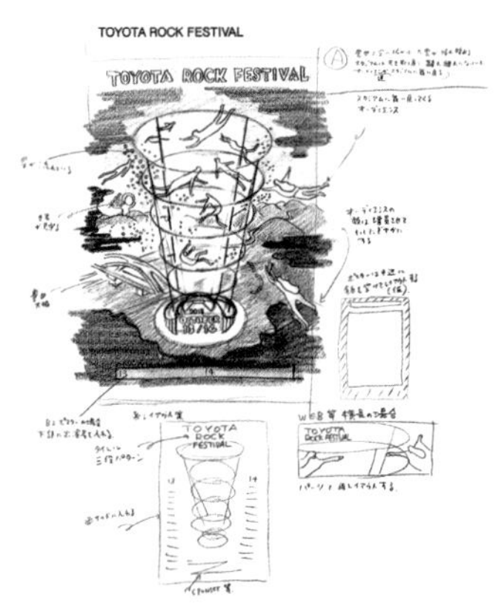

丰田摇滚音乐节海报

从草图到成品的过程中，我们可以看到除了创意的发散之外，设计者也充分考虑了图文的大小和位置的编排。

设计：WASHIO TOMOYUKI

常见的对称和非对称版心设置

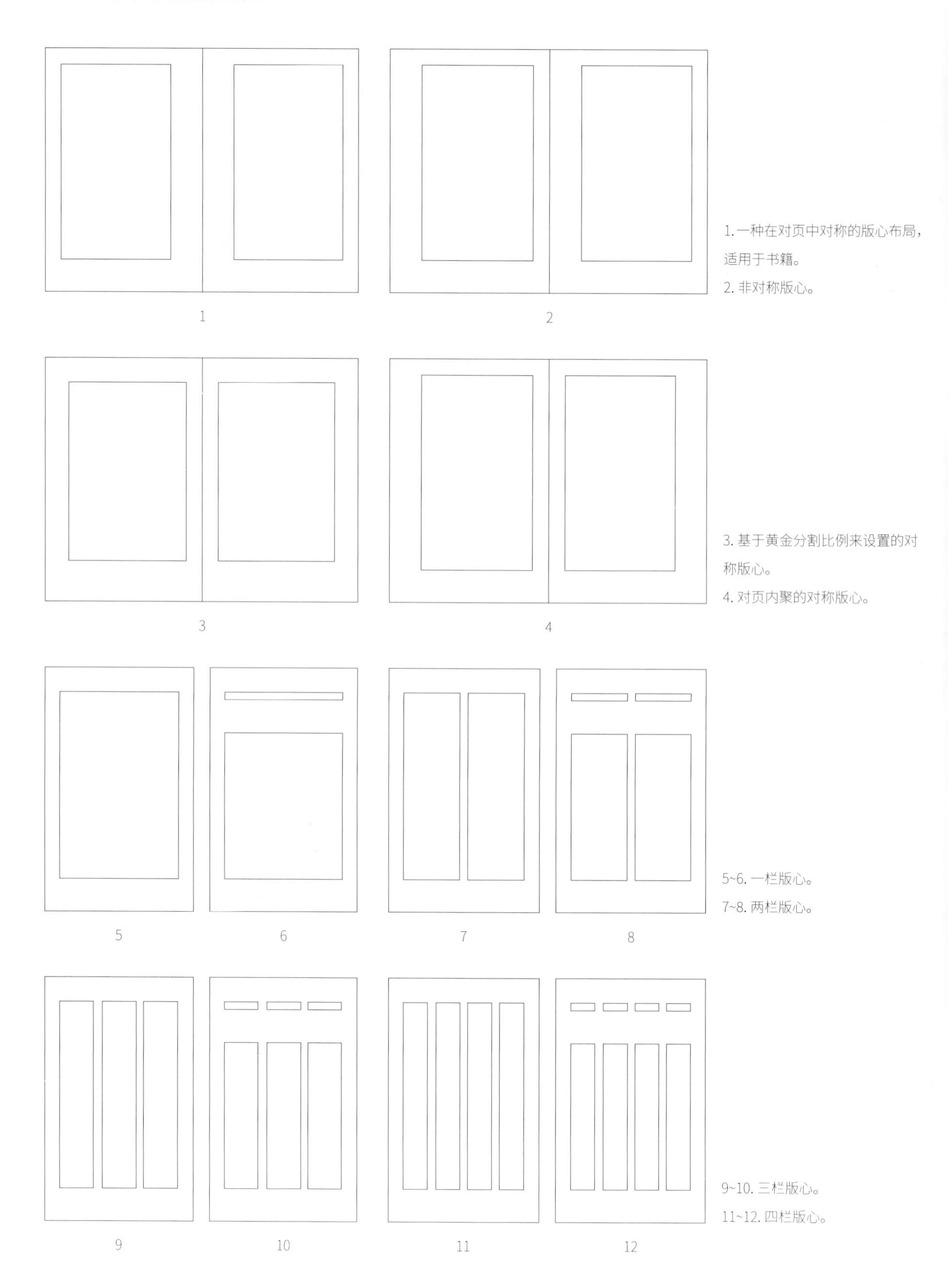

1. 一种在对页中对称的版心布局，适用于书籍。

2. 非对称版心。

3. 基于黄金分割比例来设置的对称版心。

4. 对页内聚的对称版心。

5~6. 一栏版心。

7~8. 两栏版心。

9~10. 三栏版心。

11~12. 四栏版心。

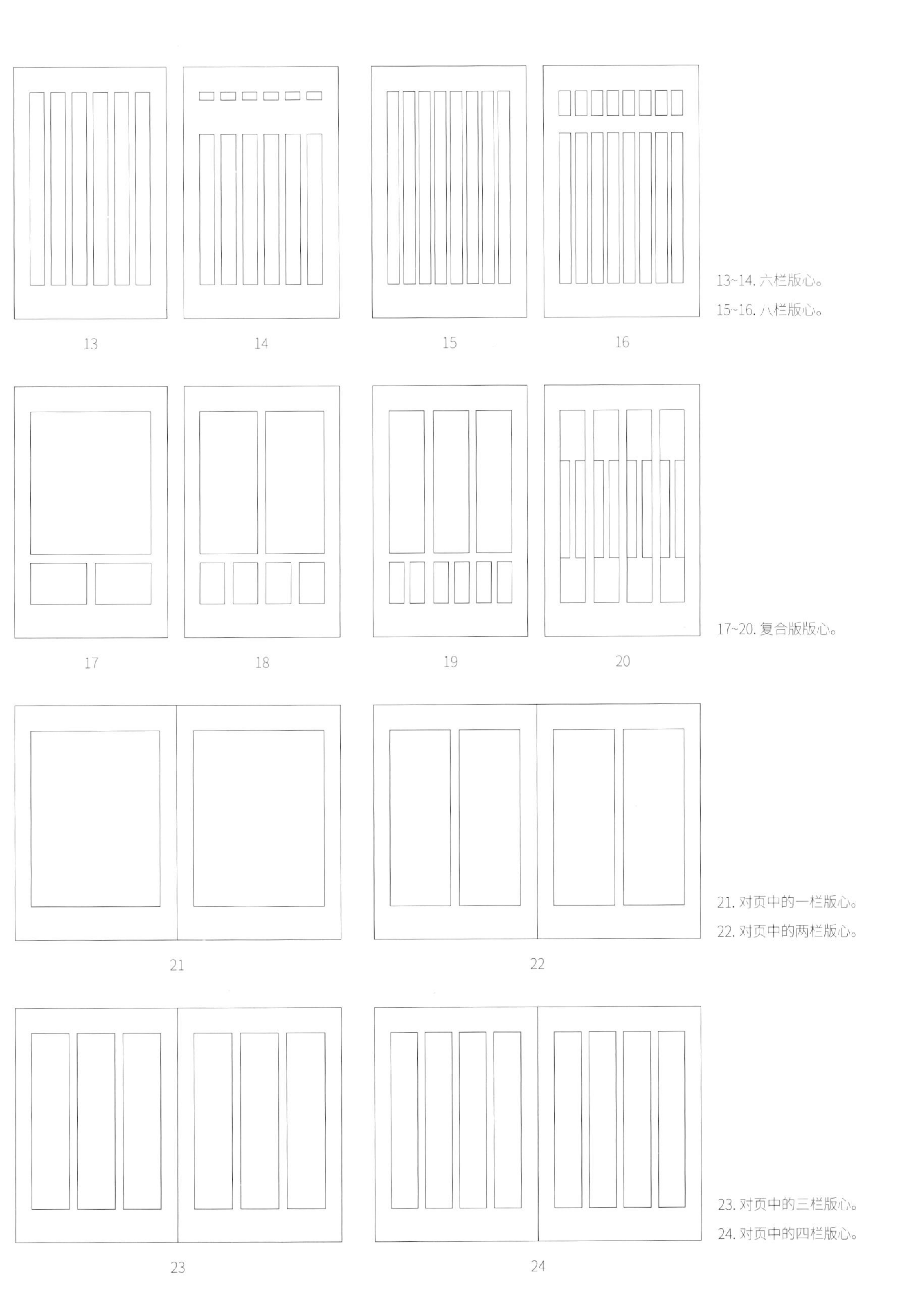

13~14. 六栏版心。

15~16. 八栏版心。

17~20. 复合版版心。

21. 对页中的一栏版心。

22. 对页中的两栏版心。

23. 对页中的三栏版心。

24. 对页中的四栏版心。

1~24 所展示的各种版心的设置方式，只具有一些普遍性，它并不是一成不变的定律，在应用中还需要依据实际情况进行灵活调整以满足客观需求。

在解决了版心后，就可以依据文本体量、字体、字号大小、图片大小等因素开始设定详细的网格系统。
一般常用的网格类型：单栏网格、多栏网格、模块网格、层级网格、基线网格、复合网格。

单栏网格

最基本的网格形式。由单个矩形确定了版心和页边距。这类网格比较适合以图为主的海报、广告的版面设计。

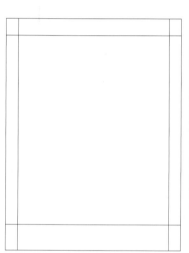

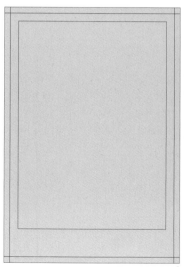

单栏网格

设计：Il-Ho Jung

多栏网格

有助于组织层级关系复杂或者带有插图的文本。网格栏数越多，灵活性则越强。每一栏可以独立使用，也可以跨过栏间距，多栏联合起来形成更宽的区域。

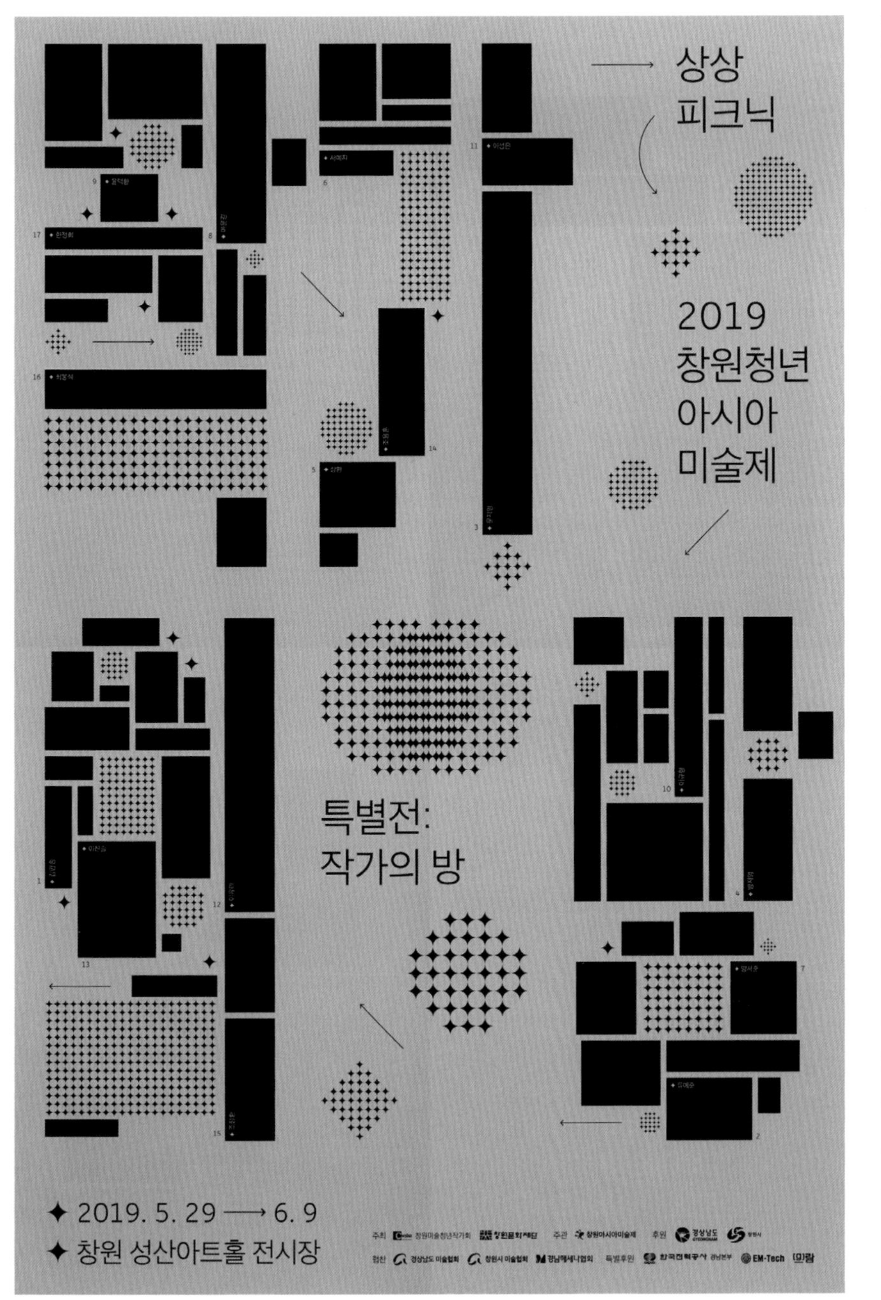

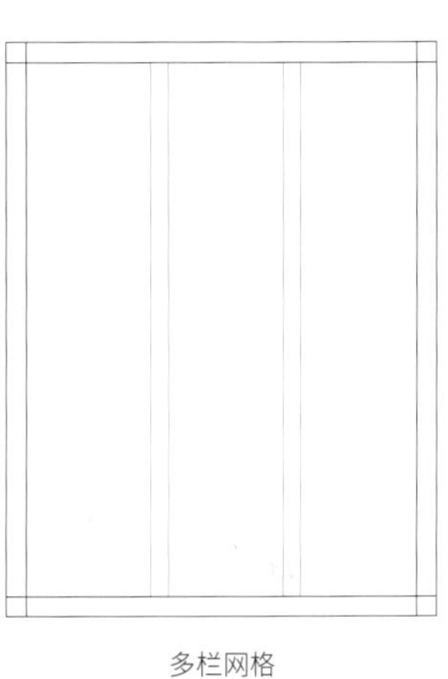

多栏网格

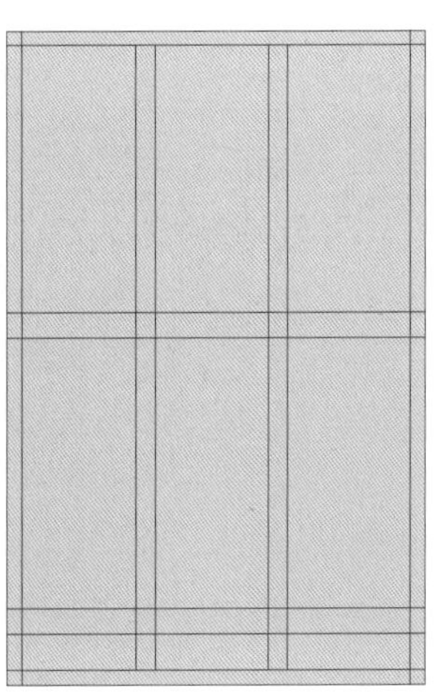

设计：Park Jinhan

模块网格

是由栏和列相互叠加而形成，它可以用来处理更为复杂的信息，有助于建立秩序感，给人一种理性的感觉。越小的模块，灵活性越强，准确性也越高。

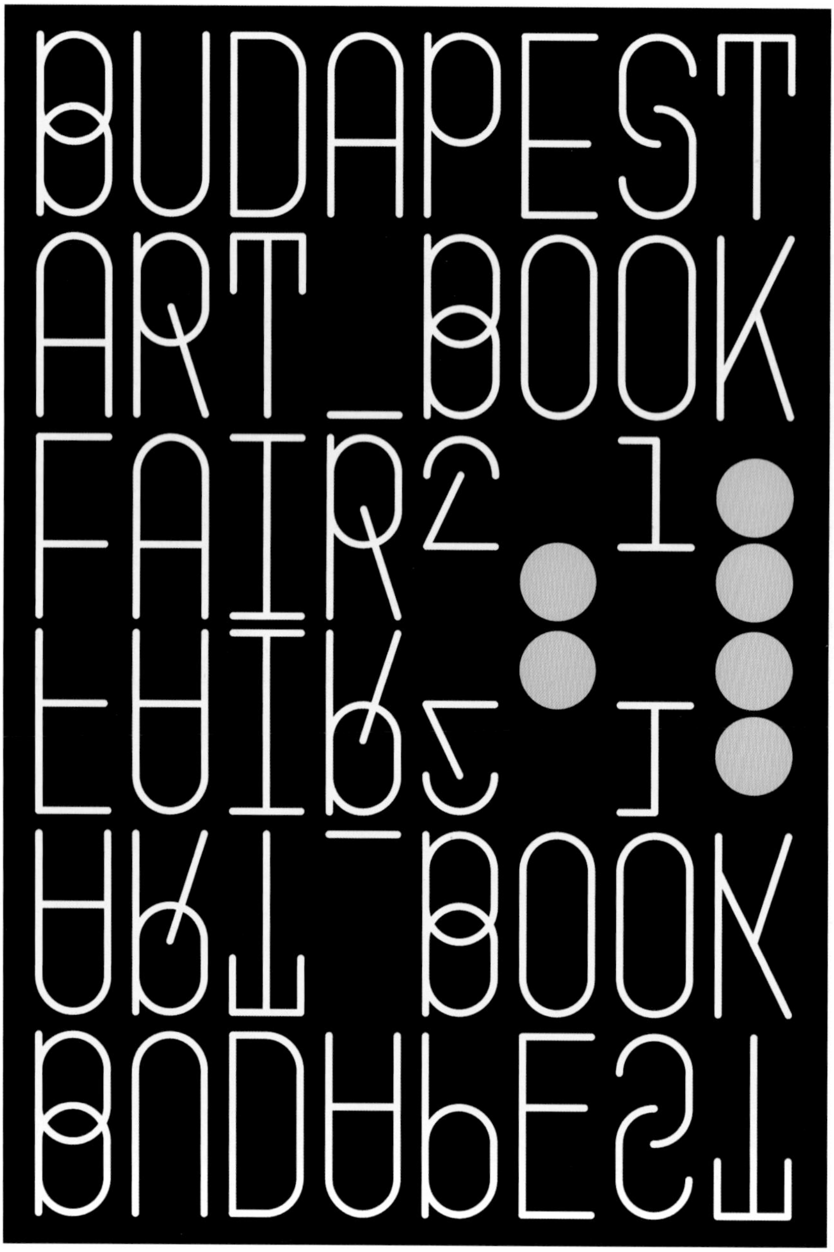

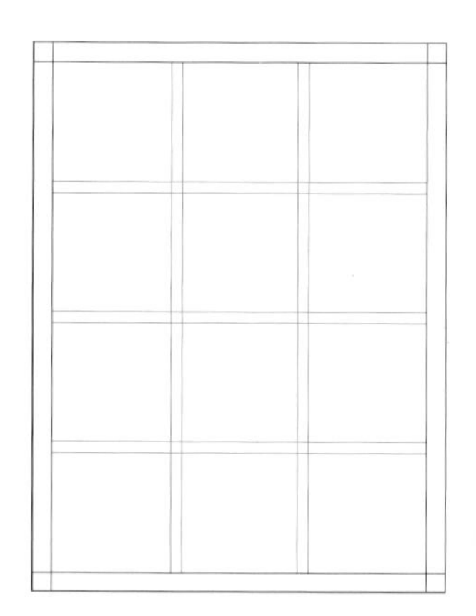

模块网格

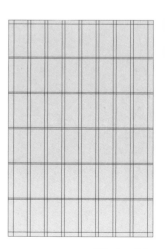

设计：Dora Balla

层级网格

常规的网格结构或平均划分的信息区域都无法满足排版的要求时，层级网格的版面结构就是一个有效的解决方案。这种网格形式能够让页面形成特定的序列，划分信息的层次，从而使信息的呈现更具组织性。

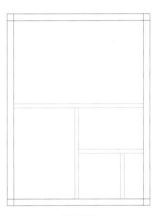

层级网格

设计：寺泽圭太郎

基线网格

大部分由参考基线等比构成，主要针对大体量的文本和图片的统一整齐编排。

KUMIKO IZAKAYA ■ AALSTSTRAAT, 1000 BRUSSELS

AGENDA ■ MARCH → APRIL 2020

06.03 THE WAY YOU MOVE W. KASTAAR & PECHTAX [FRIENDLY TRANCY TECHNO]
07.03 RAMEN BAR W/ HICHAM [VINYL SELECTOR]

13.03 RAMEN BAR W/ MOZAIKA (PUBLIC POSSESSION) [PSEUDO INTELLECTUAL ELECTRONICA]
14.03 SERATE W/ BRASSAC & ALBEE [SPACED OUT ELECTRO]

20.03 RAMEN BAR W/ KARLA BÖHM & ISSA MAIGA [SUBTLE HOUSE GROOVES]
21.03 NOSE JOB W/ RICK SHIVER & CAPTAIN STARLIGHT [TROPICAL DISCO]

26.03 LISTEN FESTIVAL W/ RADIO MARTIKO [PSYCHEDELIC FUNK / LIVEBAND]

03.04 BRIKABRAK NIGHT [SOULFUL GLOBAL]
04.04 SPACE JAM INVITES DEEPTRAX (NL) [MINIMAL]

10.04 MICRODOSE W/ PREPELEAC & NICO [ROMANIAN MINIMAL]
11.04 LA CHAUMIERE LIVE + FREE MIC [RAP / FREE MIC]

17.04 DIDI'S NIGHT OUT W/ DIDA B2B SSALIVA [FRESH TRASH]
18.04 TBC

24.04 SHAFT CREW NIGHT [FUNKY HOUSE VIBES]
25.04 KONTAKT NIGHT W/ AROH & VICTOR DE ROO [SYNTH WAVE]

IG ■ @KUMIKO_IZAKAYA

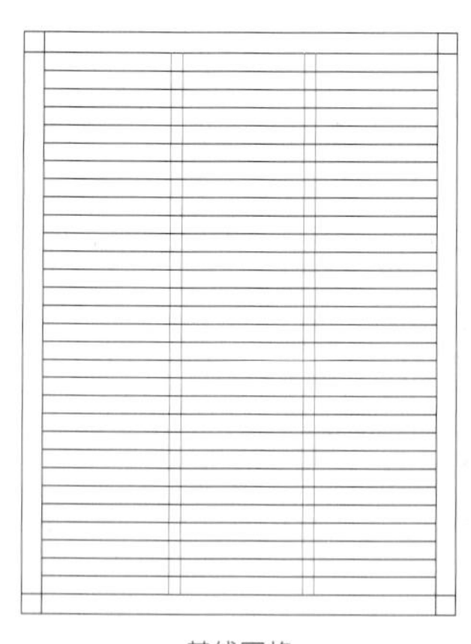

基线网格

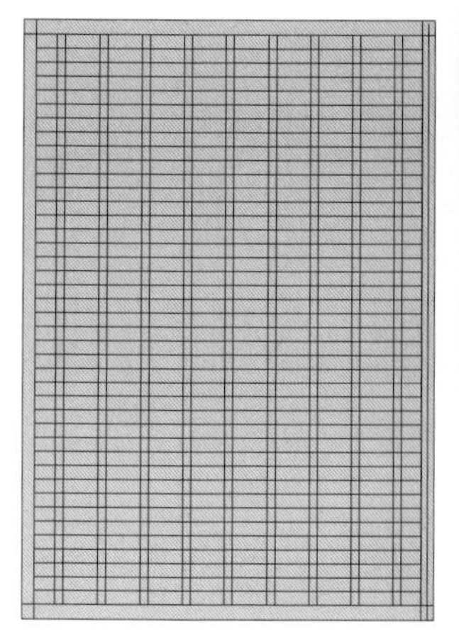

设计：Lucile Martin, Julien Pik

复合网格

是多个网格系统的集成，能够处理更加多变的版面结构和图文信息。

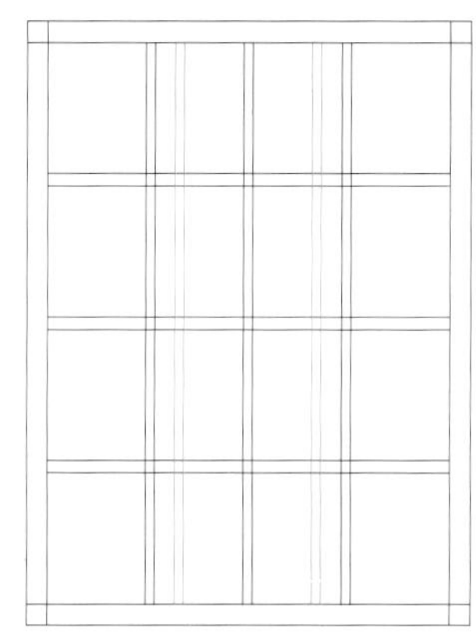

复合网格

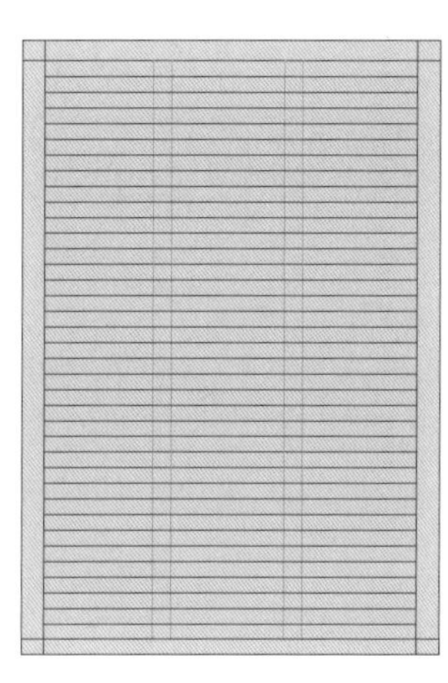

设计：上田亮

版面设计因为设备、软件的便捷性，以及设计观念更加开放和多样，呈现出前所未有的自由与丰富。但网格作为版面编排中的基本工具之一，依然发挥着重要的作用，并在众多设计师的摸索中不断地拓展功能空间。

网格系统作为一个比较成熟的编排设计理论系统，非常值得深入学习研究，以便能更好地在创作中灵活应用。

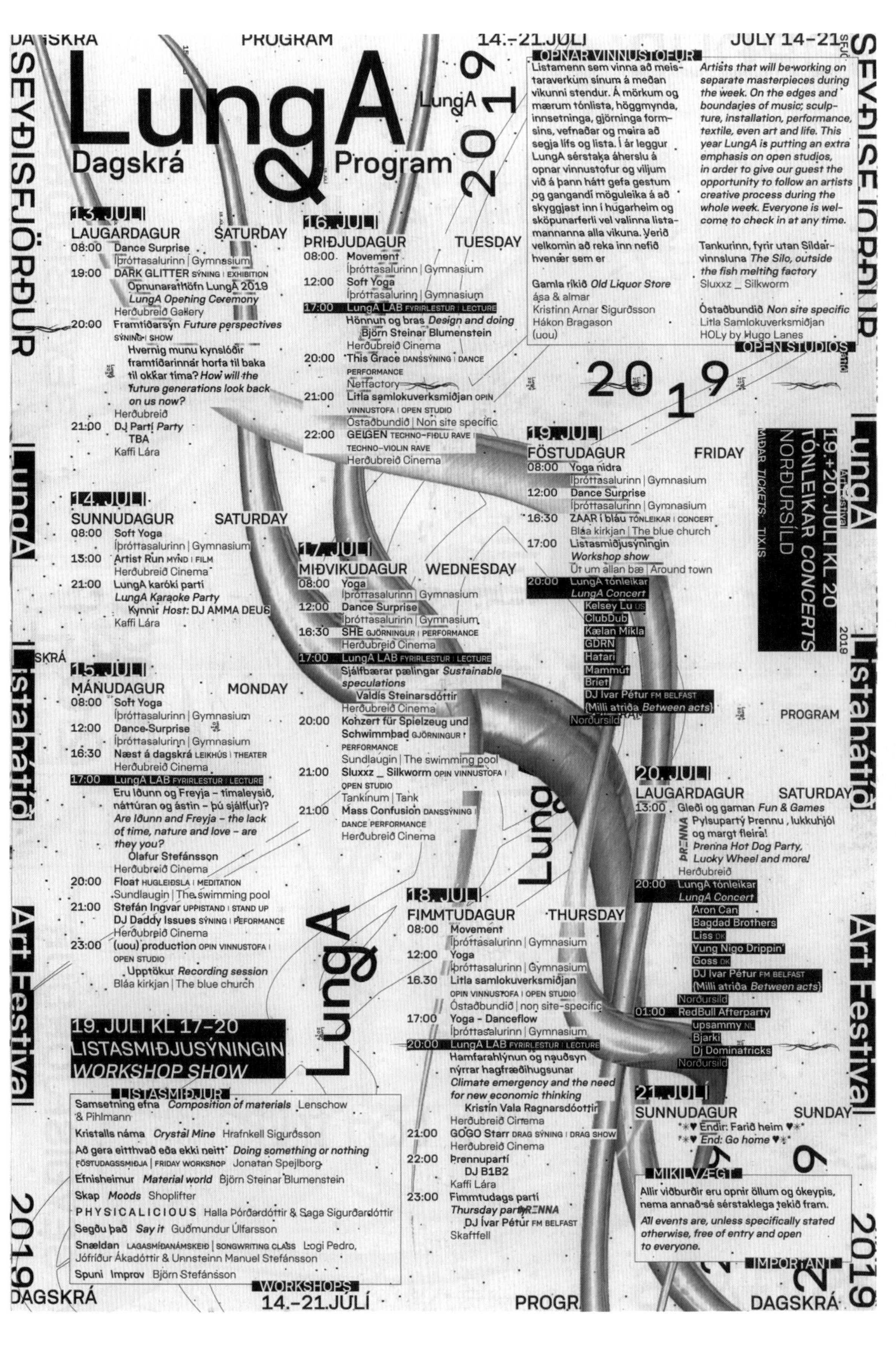
DAGSKRÁ PROGRAM 14.–21.JÚLÍ JULY 14–21
LungA
Dagskrá & Program
2019
SEYÐISFJÖRÐUR
13. JÚLÍ
LAUGARDAGUR SATURDAY
08:00 Dance Surprise
Íþróttasalurinn | Gymnasium
19:00 DARK GLITTER SÝNING | EXHIBITION
Opnunarathöfn LungA 2019
LungA Opening Ceremony
Herðubreið Gallery
20:00 Framtíðarsýn Future perspectives
SÝNING | SHOW
Hvernig munu kynslóðir framtíðarinnar horfa til baka til okkar tíma? How will the future generations look back on us now?
Herðubreið
21:00 DJ Partí Party
TBA
Kaffi Lára
14. JÚLÍ
SUNNUDAGUR SATURDAY
08:00 Soft Yoga
Íþróttasalurinn | Gymnasium
13:00 Artist Run MYND | FILM
Herðubreið Cinema
21:00 LungA karókí partí
LungA Karaoke Party
Kynnir Host: DJ AMMA DEU6
Kaffi Lára
15. JÚLÍ
MÁNUDAGUR MONDAY
08:00 Soft Yoga
Íþróttasalurinn | Gymnasium
12:00 Dance Surprise
Íþróttasalurinn | Gymnasium
16:30 Næst á dagskrá LEIKHÚS | THEATER
Herðubreið Cinema
17:00 LungA LAB FYRIRLESTUR | LECTURE
Eru Iðunn og Freyja – tímaleysið, náttúran og ástin – þú sjálf(ur)? Are Iðunn and Freyja – the lack of time, nature and love – are they you?
Ólafur Stefánsson
Herðubreið Cinema
20:00 Float HUGLEIÐSLA | MEDITATION
Sundlaugin | The swimming pool
21:00 Stefán Ingvar UPPISTAND | STAND UP
DJ Daddy Issues SÝNING | PEFORMANCE
Herðubreið Cinema
23:00 (uou) production OPIN VINNUSTOFA | OPEN STUDIO
Upptökur Recording session
Bláa kirkjan | The blue church
16. JÚLÍ
ÞRIÐJUDAGUR TUESDAY
08:00 Movement
Íþróttasalurinn | Gymnasium
12:00 Soft Yoga
Íþróttasalurinn | Gymnasium
17:00 LungA LAB FYRIRLESTUR | LECTURE
Hönnun og bras Design and doing
Björn Steinar Blumenstein
Herðubreið Cinema
20:00 This Grace DANSSÝNING | DANCE PERFORMANCE
Netfactory
21:00 Litla samlokuverksmiðjan OPIN VINNUSTOFA | OPEN STUDIO
Óstaðbundið | Non site specific
22:00 GEIGEN TECHNO-FIÐLU RAVE | TECHNO-VIOLIN RAVE
Herðubreið Cinema
17. JÚLÍ
MIÐVIKUDAGUR WEDNESDAY
08:00 Yoga
Íþróttasalurinn | Gymnasium
12:00 Dance Surprise
Íþróttasalurinn | Gymnasium
16:30 SHE GJÖRNINGUR | PERFORMANCE
Herðubreið Cinema
17:00 LungA LAB FYRIRLESTUR | LECTURE
Sjálfbærar pælingar Sustainable speculations
Valdís Steinarsdóttir
Herðubreið Cinema
20:00 Konzert für Spielzeug und Schwimmbad GJÖRNINGUR | PERFORMANCE
Sundlaugin | The swimming pool
21:00 Sluxxz _ Silkworm OPIN VINNUSTOFA | OPEN STUDIO
Tankinum | Tank
21:00 Mass Confusion DANSSÝNING | DANCE PERFORMANCE
Herðubreið Cinema
18. JÚLÍ
FIMMTUDAGUR THURSDAY
08:00 Movement
Íþróttasalurinn | Gymnasium
12:00 Yoga
Íþróttasalurinn | Gymnasium
16.30 Litla samlokuverksmiðjan OPIN VINNUSTOFA | OPEN STUDIO
Óstaðbundið | non site-specific
17:00 Yoga - Danceflow
Íþróttasalurinn | Gymnasium
20:00 LungA LAB FYRIRLESTUR | LECTURE
Hamfarahlýnun og nauðsyn nýrrar hagfræðihugsunar
Climate emergency and the need for new economic thinking
Kristín Vala Ragnarsdóttir
Herðubreið Cinema
21:00 GOGO Starr DRAG SÝNING | DRAG SHOW
Herðubreið Cinema
22:00 Þrennupartí
DJ B1B2
Kaffi Lára
23:00 Fimmtudags partí
Thursday party
DJ Ívar Pétur FM BELFAST
Skaftfell
OPNAR VINNUSTOFUR
Listamenn sem vinna að meistaraverkum sínum á meðan vikunni stendur. Á mörkum og mærum tónlista, höggmynda, innsetninga, gjörninga formsins, vefnaðar og meira að segja lífs og lista. Í ár leggur LungA sérstaka áherslu á opnar vinnustofur og viljum við á þann hátt gefa gestum og gangandi möguleika á að skyggjast inn í hugarheim og sköpunarferli vel valinna listamannanna alla vikuna. Verið velkomin að reka inn nefið hvenær sem er
Artists that will be working on separate masterpieces during the week. On the edges and boundaries of music; sculpture, installation, performance, textile, even art and life. This year LungA is putting an extra emphasis on open studios, in order to give our guest the opportunity to follow an artists creative process during the whole week. Everyone is welcome to check in at any time.
Gamla ríkið Old Liquor Store
ása & almar
Kristinn Arnar Sigurðsson
Hákon Bragason
(uou)
Tankurinn, fyrir utan Síldarvinnsluna The Silo, outside the fish melting factory
Sluxxz _ Silkworm
Óstaðbundið Non site specific
Litla Samlokuverksmiðjan
HOLy by Hugo Lanes
OPEN STUDIOS
19. JÚLÍ
FÖSTUDAGUR FRIDAY
08:00 Yoga nidra
Íþróttasalurinn | Gymnasium
12:00 Dance Surprise
Íþróttasalurinn | Gymnasium
16:30 ZAAR í bláu TÓNLEIKAR | CONCERT
Bláa kirkjan | The blue church
17:00 Listasmiðjusýningin
Workshop show
Út um allan bæ | Around town
20:00 LungA tónleikar
LungA Concert
Kelsey Lu US
ClubDub
Kælan Mikla
GDRN
Hatari
Mammút
Bríet
DJ Ívar Pétur FM BELFAST
(Milli atriða Between acts)
Norðursíld
19.+20. JÚLÍ KL 20
TÓNLEIKAR CONCERTS
NORÐURSÍLD
MIÐAR TICKETS: TIX.IS
20. JÚLÍ
LAUGARDAGUR SATURDAY
13:00 Gleði og gaman Fun & Games
Pylsupartý Þrennu, lukkuhjól og margt fleira!
Þrenna Hot Dog Party, Lucky Wheel and more!
Herðubreið
20:00 LungA tónleikar
LungA Concert
Aron Can
Bagdad Brothers
Liss DK
Yung Nigo Drippin'
Goss DK
DJ Ívar Pétur FM BELFAST
(Milli atriða Between acts)
Norðursíld
01:00 RedBull Afterparty
upsammy NL
Bjarki
Dj Dominatricks
Norðursíld
21. JÚLÍ
SUNNUDAGUR SUNDAY
Endir: Farið heim
End: Go home
MIKILVÆGT
Allir viðburðir eru opnir öllum og ókeypis, nema annað sé sérstaklega tekið fram.
All events are, unless specifically stated otherwise, free of entry and open to everyone.
IMPORTANT
19. JÚLÍ KL 17–20
LISTASMIÐJUSÝNINGIN
WORKSHOP SHOW
LISTASMIÐJUR
Samsetning efna Composition of materials Lenschow & Pihlmann
Kristalls náma Crystal Mine Hrafnkell Sigurðsson
Að gera eitthvað eða ekki neitt Doing something or nothing
FÖSTUDAGSSMIÐJA | FRIDAY WORKSHOP Jonatan Spejlborg
Efnisheimur Material world Björn Steinar Blumenstein
Skap Moods Shoplifter
PHYSICALICIOUS Halla Þórðardóttir & Saga Sigurðardóttir
Segðu það Say it Guðmundur Úlfarsson
Snældan LAGASMÍÐANÁMSKEIÐ | SONGWRITING CLASS Logi Pedro, Jófríður Ákadóttir & Unnsteinn Manuel Stefánsson
Spuni Improv Björn Stefánsson
WORKSHOPS
LungA Listahátíð Art Festival
DAGSKRÁ 14.–21.JÚLÍ PROGR DAGSKRÁ

DRAKE
Karaoke
Things have been so crazy and hectic
I shoulda gotten back by now
But you know how much I wanted to make it
It's probably better anyhow
So if you gotta go
If there's anything I should know
If the spotlight makes you nervous
If you're looking for a purpose
You put the tea in the kettle and light it
Put your hand on the metal and feel it
But do you even feel it anymore?
I remember when you thought I was joking
Now I'm off singing karaoke
Further than I've ever been
So if you gotta go
If there's any way I can help (I can help)
Isn't it ironic that the girl I want to marry is a wedding planner
'That tells me my life is too much and then moves to Atlanta
Damn, of all the places you could go
I just thought you'd choose somewhere
'That had somebody that you know
I'm always up too late, I worry 'bout you there alone
In that place you call your home, warm nights and cold Patron
I hope that you don't get known for nothing crazy
'Cause no man ever wants to hear those stories bout his lady
I know they say the first love is the sweetest
But that first cut is the deepest
I tried to keep us together, you were busy keeping secrets
Secrets you were telling everybody but me
Don't be fooled by the money, I'm still just young and unlucky
I'm surprised you couldn't tell
I was only trying to get ahead
I was only trying to get ahead (get ahead)
But the spotlight makes you nervous
And you're looking for a purpose
I was only trying to get ahead (get ahead)
I was only trying to get ahead (get ahead)
But the spotlight makes you nervous (makes you nervous)

图文编排基于模块网格进行设计，中间的文本采用居中对齐。

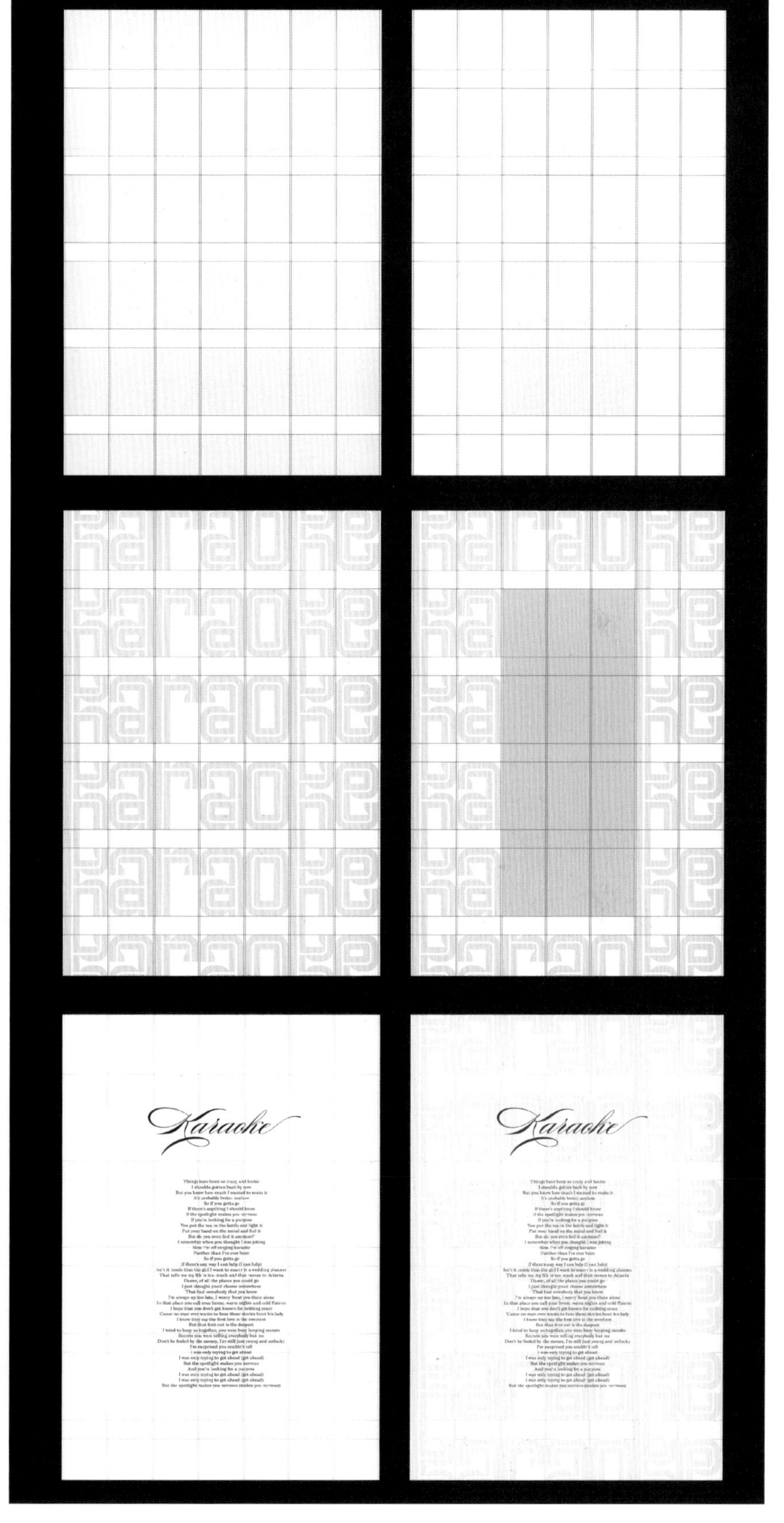

Karaoke 音乐海报

设计：Andrea Biggio

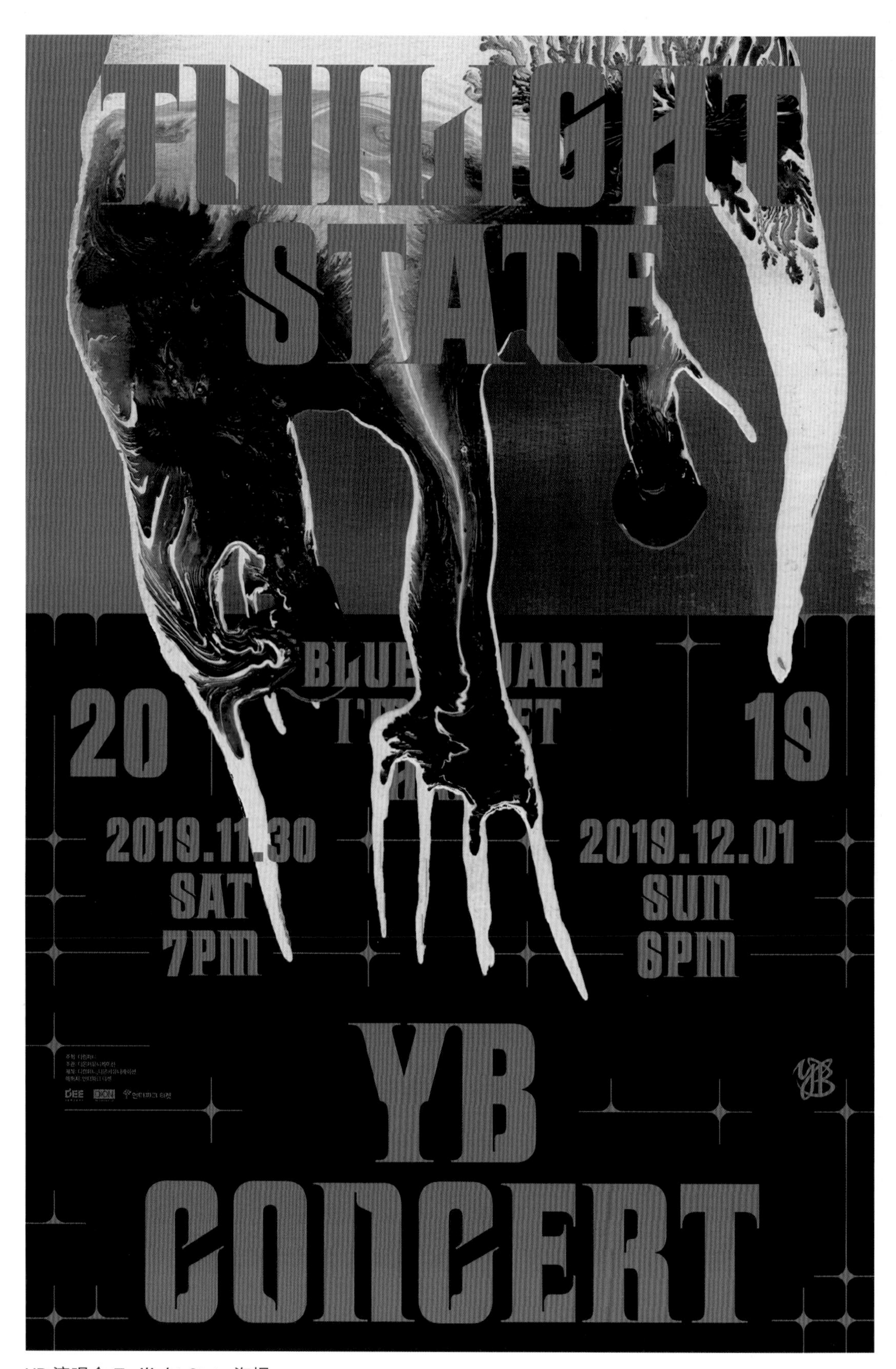

YB 演唱会 *Twilight State* 海报

设计：Jeong-min Seo

YB 演唱会的这一组海报由三幅组成，设计师采用统一的 5×8 的模块网格进行编排设计。作为套系设计，这样的处理能使版面风格更加统一。

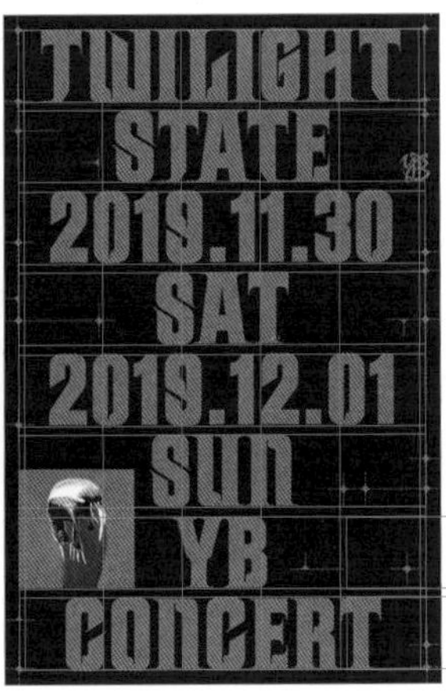

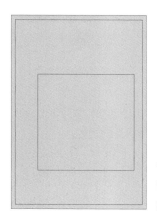

该杂志封面的设计采用层级网格设计，每期的封面图文编排都是在固定的位置中进行变化。

Politicus 杂志封面

杂志作为一个连续出版的刊物，通常来说图文编排视觉风格的稳定、统一是必要的，这样才能给读者建立起持久一致的认知。

设计：Lars Högström, Santtu Oja

POLITICUS JÄMSTÄLLDHET 26

Yeboyahs *Elovena* symboliserar den moderna finländska identiteten

TEXT
Lars Högström

Det bildades en hajp kring *Yeboyah* i december 2017 när hon kom ut med singeln "Broflake". Låtens hårda trapbeat kryddat med hennes tajta rap skapade en förväntan om ett längre projekt. Förväntningarna uppfylldes äntligen i slutet av juli då Yeboyah släppte ut sin nya EP. Projektet som går under namnet *Elovena EP* tar oväntat avstånd från trapen och rör sig mot någonting nytt. I samband med projektet släpptes också en visuell del som man hittar på Youtube med namnet "Elovena Visual EP".

Alla känner till kvinnan som hör till livsmedelsföretaget *Elovenas* markadsföring och varumärke. Den finländska, glada, vita och blonda tjejen i folkdräkt som står i mitten av ett åkerlandskap med havre i famnen är en perfekt måltavla för Yeboyahs intersektionella kritik. EP:ns visualisering leker också med idén om vad som anses vara finländskt och det är en otroligt stark bild att se Yeboyah i den pittoreska finska landsbygden. Yeboyah är lika mycket en finsk tjej som den inbillade stereotypin på grötpaketet.

Visualiseringen, som bär vissa likheter med Beyoncés *Lemonade*, väcker tankar och öppnar en diskussion om den finländska identiteten. Som ett ensamstående verk är videon dessutom estetiskt vacker, snyggt filmad och

27 JÄMSTÄLLDHET POLITICUS

Bilder All Day / AllDayfi

väl regisserad. När videon tar upp traditionella finländska landskap, röda hus med vita knutar och somriga ritualer med blommor i håret, är det svårt att inte tänka på likheter mellan den och sommarens mest omtalade film *Midsommar*.

Musikaliskt är den elva minuter långa EP:n ett steg från trapen mot ett mjukare sound, någonting som är överraskande och lyckat. 808-basen hörs på hela EP:n men det är inte bara frågan om klubbmusik utan en modern mix av r'n'b och rap. Den glädjefyllda låten "Skitti" låter som ett musikstycke från 2013 med den klyschiga gitarrsamplen som påminner om klassikern "Hyperbolic Chamber Music" av *Ryan Hemsworth*. "Skitti" går perfekt ihop med den West Coast inspirerade låten "Elovena" som har minst ett lika tungt beat som på *YG*:s låt "Why You Always Hatin". Produktionen på Elovena EP är väldigt professionell och symbiosen mellan musiken och Yeboyahs flow är en njutningsfull upplevelse.

Konceptuellt är Elovena EP en fullträff, speciellt då man ser och lyssnar på den samtidigt. Yeboyahs val att ta en ny approach i musiken är lysande och jag väntar med spänning att se henne uppträda med det nya materialet. Enda minuset med EP:n är att den skulle ha kunnat vara någon låt längre.

文本处理采用双齐末行齐左，首行文字缩进。

POLITICUS JÄMSTÄLLDHET 6

Arbetet för jämställdhet är inte klart

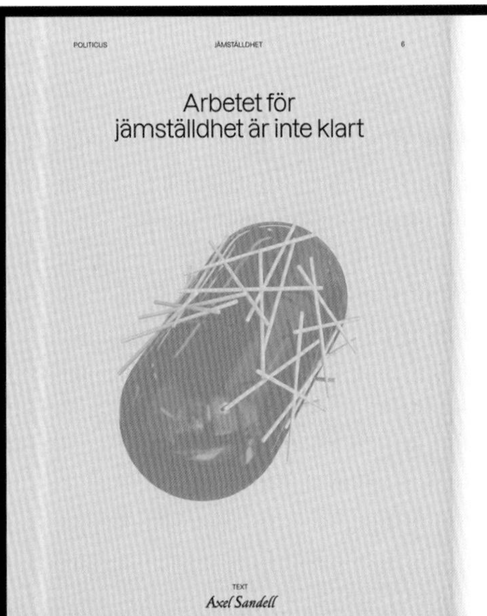

TEXT
Axel Sandell

7 JÄMSTÄLLDHET POLITICUS

"Men, Finland är ju redan ett jämställt land" är ett yttrande som säkert många har hört upprepade gånger. En snabb axelryckning till fundamentala problem i vår samhällsstruktur och ett ringaktande till jämställdhetskampen som pågått i hundratals år. Det är fascinerande att det av alla åmen är just jämställdhet som får människor att känna sig bombsäkra på att arbetet är klart. Fascinerande, hur ett fortsatt jämställdhetsarbete idag endast anses betyda att feminismen har gått för långt. Fascinerande, att även om en del av ojämställdheten finns skriven med klara siffror, så som löneskillnader, sexuella trakasserier, våld inom parförhållanden, maktpositioner och obetalt hushållsarbete, så antas det i diskussioner att Finland är jämställt och feminism är lite jobbigt.

Jämställdhetsdebatten, liksom exempelvis debatten om hållbar utveckling, präglas av provokationer, avsiktliga feltolkningar och sakfel. Speciellt kryddade tycks diskussioner bli ifall ordet feminism är med i bilden. Att förstå varandra är inte alltid den första prioriteringen, utan det förekommer ofta försök att vinna eller bevisa att den andra har fel med totalt lösryckta argument. En diskussion kan spåra ut till att gälla någon enskild detalj i en slumpmässig influensers Instagram-flöde, istället för att fokusera på aktuella ämnen i dagens samhälle som löner, föräldraledighet och anställningsvillkor. Det är förstås inte fel att analysera diskussioner och inlägg i sociala medier, men att ofta argumentera utgående ifrån det känns ganska meningslöst då det kommer till att förstå helheten av vilken rörelse som helst.

Denna tidning ska fungera som en ögonöppnare och diskussionsunderlag för läsaren. Artiklarna belyser feminismens behov i hållbar utveckling, relationer, konst, investering, städer, föreningsliv och mer. Tidningen ska förse läsaren med en bred bas av ämnen och en förståelse för behovet av jämställdhetsarbete. Med oändlig information på nätet och med förvirrande argument som endast försöker sätta hål på en hel rörelse, glöms ofta de stora helheterna bort.

En studiekompis frågade mig en gång "är feminismens slutmål faktiskt att alla människor ska vara precis likadana?" Förstås inte, men nog att alla människor ska ha lika möjligheter och lika rättigheter. Ett bra exempel på hur mycket det går att missförstå någonting då diskussionerna är sönderspjälkade av huvudlösa motargument och provokationer.

文本处理采用左对齐，段间距空格。

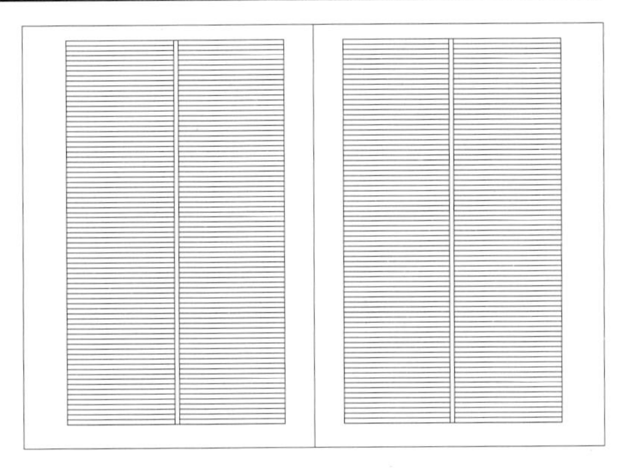

双栏网格

复合网格

青蛙在田地里熬夜，渐渐到天明戏剧宣传品

设计师为了表现出这场戏剧表演的动感，在宣传物料的设计上采用倾斜网格来进行编排。

设计：冈田将充

夜明けから夜明けまでのカエルの物語

ぐるり山なみ棚田にそそぐ陽。真昼の泥の中でくっつき息をするカエル達。陽が傾くたそがれ時、うたがはじまる。祈っているのかもしれない。つぶやいているのかもしれない。闇が深まっていく、賑やかになっていく、夜が明けていく。棚田には、水が巡っている。多様な生き物が響きあい共生している。障害ある人、ケアする人、ダンサーや音楽家が、ユーモアを交えて舞台をうみだします。

共創の舞踊劇について

この舞踊劇は、障害のある人、ない人、社会的課題をかかえた人たちがダンサーとともに既存の身体表現の枠組みを超えた舞台をつくることで、多様な表現のあり方を社会に問うことを目指す取り組みです。この作品をとおして人間の存在の幅広さ、奥深さ、そして人間を含むあらゆる自然と生命の声に耳を澄ませる機会をつくります。

ダンスには、異なる価値観を許容し、言葉を超えて交信する力があります。日頃聞き取れない微弱なサインが、その声の主たちと共に創りあげるダンスによって増幅され、これまでより多くの人たちに届き響きあうことでしょう。

この作品には、インドネシアの文化や芸能のエッセンスが取り入れられています。人と自然、人とおおいなる存在が行き交う世界観を持った芸能のあり方は、人間が培ってきた「共創」のかたちそのものと言えます。今日の私たちの文化と、異なる文化がぶつかることから、いま、ここでこそ共感する表現をうみだすことを探ります。

この「共創の舞踊劇」で見つけた手法や過程を応用、共有することで、さまざまな背景を持つ人や芸術文化活動への参加が難しかった人たちの表現手段をさらにひろげ、共に生きる社会づくりにつなげることを目指します。

ジャワと棚田とたんぽぽと｜佐久間新

ジャワで舞踊を習っている時、熱病にうなされたかのようにどうしてもジャワの人たちのことが分からなくなることがあった。ダンスの振りに始まりは無く、終わりだけがあるとか。音楽の裏拍だと思っていたものが、表も裏も無く両表だったとか。先生にアポイントとって会いにいくのが失礼で直接行った方がいいとか。価値観が反対だったり、違ったりすることがたくさんあった。ジャワ舞踊は、テクニックだけがうまくなっても仕方がない。ジャワの考え方、暮らし方、付き合い方を知らなければ意味がない、とよく言われた。舞踊がうまくなるにはとにかく真似るしかない。ジャワ人になりたいともがいていた。

帰国後、都会には住めないと、大阪と京都の境にある山間に暮らすことにした。農家の倉庫を改造して無理やり住んだ我が家の周辺は、700メートル級の山に囲まれたクレーターのような盆地になっていて、西の谷、東の谷といった地名がついていた。そこに広がる棚田には、何万ものカエルが住んでいる。クレーターに響き渡るカエルの声は、全体としておおきなうねりを感じることがある。それでいて、ひとつひとつの音もクリアに聞こえる。夕方に始まるカエルのアンサンブルは、夜が更けるとともに盛り上がり、山の際がうっすらと色を変える頃、力の抜けたすべての音が、波にもまれた石のような丸みを帯びて響きはじめる。その響きの優しさに気づいたのが、暮らし始めて8年経った5月の早朝だった。

山間に暮らし続けていると、だんだんと聞こえる音や見える風景がある。感覚の解像度が急激に増す時期がある。そのことは自分の踊りにも影響を与えた。ちょうど、たんぽぽの家で始めた障がいある人たちとのダンスが深まってくる時期とも重なっていた。棚田の水が田から田へと流れ始めるように、いろんなものがつながり始めた。異文化の中にどっぷり漬かって、伝統舞踊を習う体験をしたことが、障がいある人とダンスをすることにつながっていると思う。ある風土や文化が芸能を生み出す。芸能が人々の思想や体を作り出す。両者は剥がすことができないが、その素晴らしい体を伴った知恵を、もっといろんな文化のいろんな体の人と吸収できないかと思う。伝統芸能が想定していなかったような今の社会で、そのまま再現するだけでは足りない。舞踊も多様な体を対象とはしていないことがほとんどだ。だから芸能の何が大切なのかを見極めて、自分たちに合うように工夫する必要がある。芸能から力をもらうために、私たちの芸能を作りたい。簡単なことではない。それでも、そのしっぽをしっぽの無いカエルに見つけつつあるような気がしている。棚田を舞台に、どんな舞踊劇が生まれるだろうか。

アジアの伝統芸能の知恵、水のようにしなやかな身体と感性をつかって、多様な私たちがダンスをともに作った！

共創ワークショップ

2018年夏から冬にかけ、関西の3つの異なるコミュニティ（子どもと親、高齢者とインドネシア人介護者、障害のある人とケアする人）でダンスワークショップを3回ずつ開催しました。自分たちがしてきた表現の有効性が確かめられ、勇気を得ました。より多くの人とシェアするための手法を学びました。ここでの経験も舞台に活かされています。

1 おとな達の背中を渡ってみたらどうなるかな。意外とすいすい進めて楽しい
2 障害のある人、ケアする人、まじりあって床で転がってみる
3 どうぞ、お注ぎします。手のひらに掬われているのは、お水、お酒、土、…何でしょうか
写真｜仲川あい

たんぽぽの家とは

［アート］と［ケア］の視点から、多彩なアートプロジェクトを実施している市民団体です。ソーシャル・インクルージョンをテーマに、アートの社会的意義や市民文化について問いかける事業を実施しています。国内外の団体とネットワーク型の文化運動を展開し、より公共性の高い仕事に取り組んでいます。たんぽぽの家と佐久間新は14年間「ひるのダンス」という、ダンスの取り組みを続けています。総合舞台作品として発表するのは、今回が初めてです。

出演

中川雅仁｜水田篤紀｜山口広子（たんぽぽの家アートセンターHANAメンバー）
是永ゆうこ｜佐久間新｜佐藤拓道｜古川友紀
音楽｜野村誠　ほんまなほ
ゲスト出演｜たんぽぽの家アートセンターHANAメンバー（兵庫公演）
だじゃれ音楽研究会（東京公演）　ほか

佐久間新｜演出・振付

ジャワ舞踊を探求する中から「コラボ・即興・コミュニケーション」に関わるプロジェクトを推進中。からだから生まれる言葉で話す「からだトーク」（大阪大学）、障がい者と新しいダンスを創る「バニュ・プロジェクト」（たんぽぽの家・奈良）、マイノリティの人とのダンス映像制作（CROSSROAD ARTS・オーストラリア）等。共著に「ソーシャルアート 障害のある人とアートで社会を変える」（学芸出版社）。

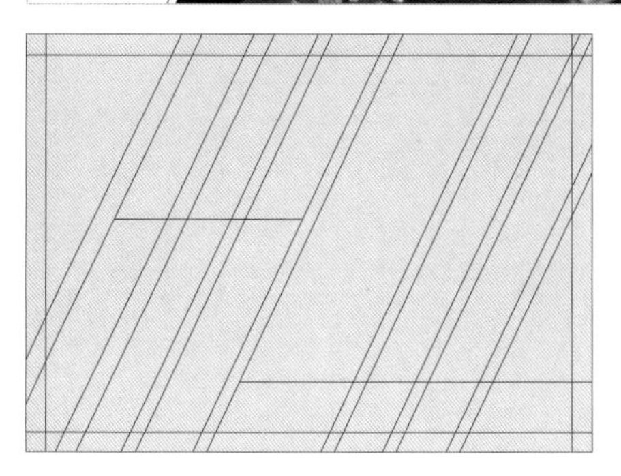

异形网格

料金｜全席自由席｜整理番号なし｜受付は開演の1時間前、開場は30分前
前売｜一般2,500円｜学生1,500円　・当日は500円増　・未就学児無料　・障害者介助者1名まで無料

前売チケット取扱｜振込手数料、発券手数料はご負担願います

FAXで申込みのうえ振込
件名「カエルチケット」と必要事項とを明記のうえ、FAX番号 0742-49-5501までお送りください。
折返しFAXにて入金額・入金先をご連絡します。
1. 公演観賞日　2. 申込者氏名　3. 申込枚数　4. 返信先FAX番号　5. 電話番号　6. 来場者にご配慮が必要な方がいる場合、その内容

インターネットで申込みのうえ振込｜https://goo.gl/forms/jwUX3BfteSq4vIW53
フォームに必要事項を記入し送信してください。折返しEメールにて入金額・入金先をご連絡します。

peatix｜https://tanpoponoye.peatix.com
・クレジットカード決済、コンビニエンスストア支払い、ATM支払いからお選びください　・要事前会員登録

アクセス

＊劇場には多目的トイレが備わっておりません。近隣の多目的トイレをご案内します。お気軽にお問い合わせください。

兵庫公演｜ジーベックホール
住所｜兵庫県神戸市中央区 港島中町7丁目2-1
神戸ポートライナー「中埠頭（ジーベックホール前）」駅下車、西側へ徒歩3分。（阪急三宮・JR三ノ宮より約15分）
駐輪場・駐車場はございません。隣接するコインパーキングをご利用ください。（会場横に平面駐車場あり）

東京公演｜北千住BUoY
住所｜東京都足立区千住仲町49-11
東京メトロ千代田線・日比谷線・JR常磐線・東武・つくばエクスプレス・「北千住」駅、1番出口より徒歩6分。西口より徒歩8分。
駐輪場・駐車場はございません。

＊車椅子でご来場のお客様は、チケットご購入の際にたんぽぽの家（TEL｜0742-43-7055）までお知らせください。車椅子の幅によってはご入場いただけない場合がございます。
＊劇場にはエレベーターが備わっておりません。

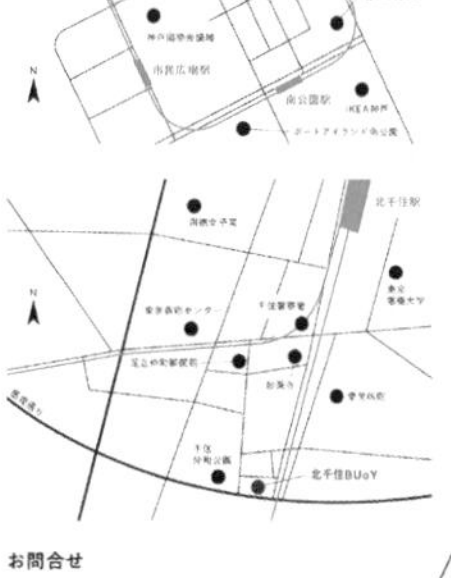

兵庫公演トーク｜1時間程度｜無料・申し込み不要
終演後、舞台芸術や福祉をテーマにしたトークイベントを開催します。

音楽｜野村誠　**照明**｜岩村原太｜川島裕子
美術｜池上惠一　**IoT監修**｜稲澤明
衣装｜浜川敦子　**音響**｜sonihouse
舞台監督｜浜村修司　**アドバイザー**｜砂連尾理
宣伝写真｜草本利枝　**宣伝美術**｜岡田将充（OMD）
制作進行｜那木瑞美

主催：文化庁｜一般財団法人たんぽぽの家
制作：一般財団法人たんぽぽの家
協賛：TOA株式会社

お問合せ

一般財団法人たんぽぽの家（担当｜大井・後安）
〒630-8044 奈良県奈良市六条西3-25-4
TEL｜0742-43-7055　FAX｜0742-49-5501
E-mail｜ableart@popo.or.jp
URL｜http://tanpoponoye.org

双栏网格

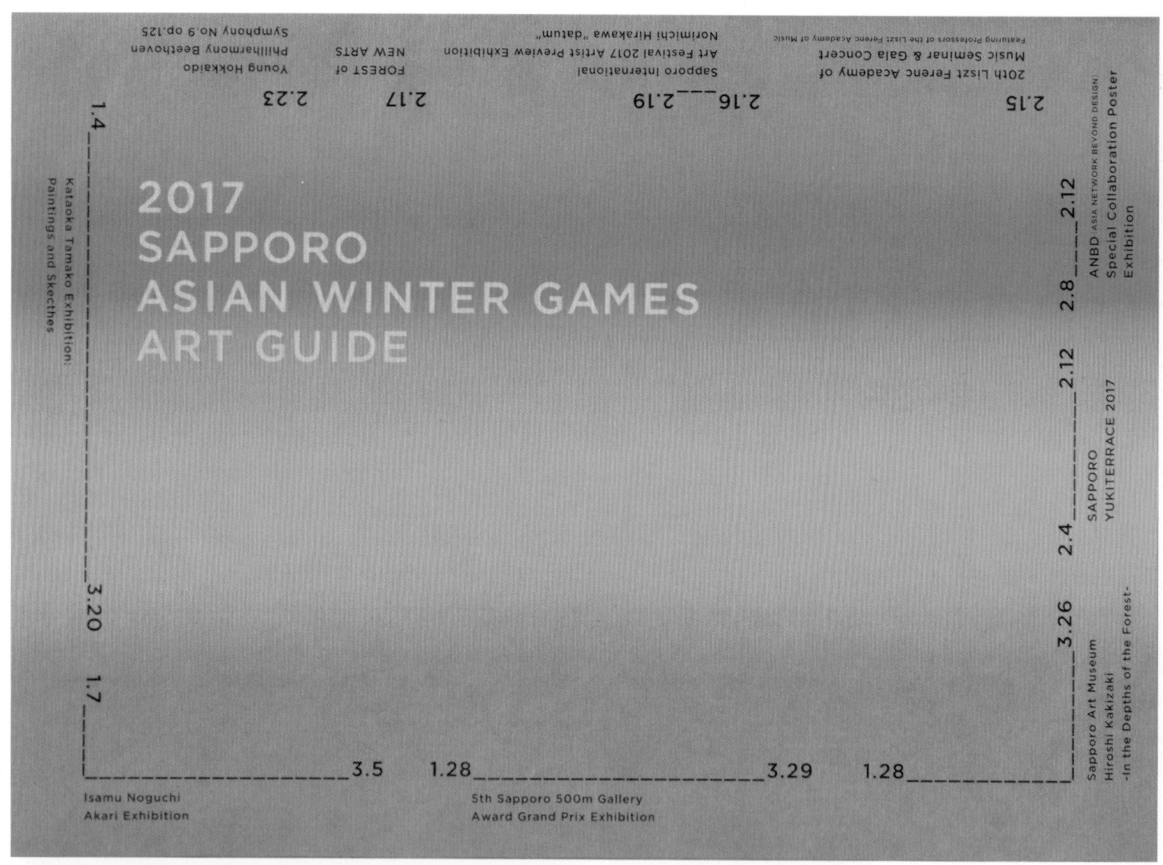

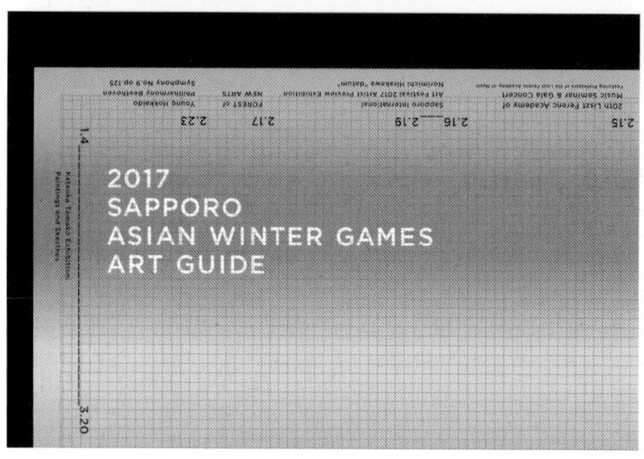

基线网格

多栏模块网格

《札幌冬季运动会艺术指南》

在日本札幌举行的第八届亚洲冬季运动会的宣传单中，有大量的比赛和演出信息。为了在有限的版面中清晰传递这些信息，设计师利用多栏的模块网格进行文本的编排。

设计：上田亮

2017 SAPPORO ASIAN WINTER GAMES ART GUIDE

This is an introduction of the main cultural art events of the 2017 Sapporo Asian Winter Games.

2017 삿포로 동계 아시안게임 문화 프로그램을 소개합니다.

2.8_2.12

ANBD 特別コラボレーションポスター展

ANBD Special Collaboration Poster Exhibition

Exhibition for competition of poster-style artwork comparing the Sapporo Asian Winter Games to "Flame in Winter".

10:00~18:00	Free admission

Sapporo Citizens Gallery
(Minami 2-jo Higashi 6-chome, Chuo-ku, Sapporo)

ANBD 特别组合企划海报展

ANBD 특별 콜라보레이션 포스터 展

2.4_2.12

さっぽろユキテラス2017

SAPPORO YUKITERRACE 2017

Project to promote the Media Arts City of Sapporo to the world with the motif of snow and light.

12:00~20:00	Free admission

Sapporo Kita 3-jo Plaza "Akapla"
(Kita 2-jo Nishi 4-chome & Kita 3-jo Nishi 4-chome, Chuo-ku, Sapporo. Between Nishi 5-chome St. and Sapporo Ekimae-dori St.)

札幌市北3条广场"Akapla"

삿포로 YUKI 테라스 2017

2.15

第20回リスト音楽院セミナー リスト音楽院教授陣による 第20回記念ガラコンサート

20th Liszt Ferenc Academy of Music Seminar Gala Concert

Featuring faculty members of the Liszt Ferenc Academy of Music. A gala concert will be held with piano, cello, and harp.

Doors open at 18:30 / Performance at 19:00	¥3,500

Sapporo Concert Hall "Kitara"
(1-15 Nakajimakoen, Chuo-ku, Sapporo)

第20届李斯特音乐学院研讨会 李斯特音乐学院教授参与 第20届纪念音乐会

札幌音乐厅Kitara

제20회 Liszt음악원 세미나 Liszt음악원교수단의 제20회 기념 갈라 콘서트

2.23

ヤング・ホッカイドウ・フィルハーモニー ベートーヴェン 交響曲第9番 op.125

Young Hokkaido Philharmony Beethoven Symphony No.9 op.125

A famous masterpiece performed by a brilliant youth orchestra giving dynamic performances all across Hokkaido (with soloists and choir).

Doors open at 18:30 / Performance at 19:00	¥2,000

Sapporo Concert Hall "Kitara"
(1-15 Nakajimakoen, Chuo-ku, Sapporo)

Young Hokkaido Philharmony 贝多芬第九号交响曲 op.125

札幌音乐厅Kitara

영 홋카이도 필하모니 베토벤 교향곡 제9번 op.125

1.4_3.20

片岡球子 本画とスケッチで探る 画業のひみつ

Kataoka Tamako Exhibition: Paintings and Skecthes

Displaying 31 Nihonga (traditional Japanese-style paintings) and numerous sketch-books of Sapporo native and painter Tamako Kataoka.

9:30~17:00	Last admission is 16:30, closed on Mondays	¥1,000

Hokkaido Museum of Modern Art
(Kita 1-jo Nishi 17-chome, Chuo-ku, Sapporo)

片冈球子 在本画与素描中探索 绘画的秘密

北海道立近代美术馆

가타오카 다마코 그림과 스케치로 찾는 화업의 비밀

2.17

FOREST of NEW ARTS

FOREST of NEW ARTS

Collaboration stage between big, powerful jazz orchestra and breathtaking dance performances.

Doors open at 18:00 / Performance at 19:00	¥3,500

Sapporo Education and Culture Hall
(Kita 1-jo Nishi 13-chome, Chuo-ku, Sapporo)

FOREST of NEW ARTS

札幌市教育文化会馆

FOREST of NEW ARTS

1.28_3.29

第5回 札幌500m美術館賞 グランプリ展

5th Sapporo 500m Gallery Award Grand Prix Exhibition

Display of contemporary works of art spanning the 500m gallery space installed in the underground pathways of the subway station.

7:30~22:00	Free admission

Sapporo Odori 500m Underground Walkway Gallery

第5届 札幌500m美术馆 大奖展

札幌大通地下长廊"500m美术馆"

제5회 삿포로500m미술관賞 그랑프리展

1.28_3.26

札幌美術展 柿崎熙 — 森の深部 —

Sapporo Art Museum Hiroshi Kakizaki - In the Depths of the Forest -

Display ng approximately 60 works including oil paintings, sculptures, and installation art by Hokkaido native and artist Hiroshi Kakizaki.

9:45~17:00	Last admission is at 16:30, closed on Mondays	¥[illegible]

Sapporo Art Park Museum
(2-75, Geijutsunomori, Minami-ku, Sapporo)

札幌美术展 柿崎熙 — 森林深处 —

札幌艺术森林美术馆

삿포로 미술전 가키자키 히로시 — 숲 속 깊은 곳 —

基线网格

“花瓣盛开”艺术节宣传广告

这是一家百货商场的商业艺术节活动的宣传海报，设计师采用报纸的形式进行设计，图文编排采用复合网格和基线网格。

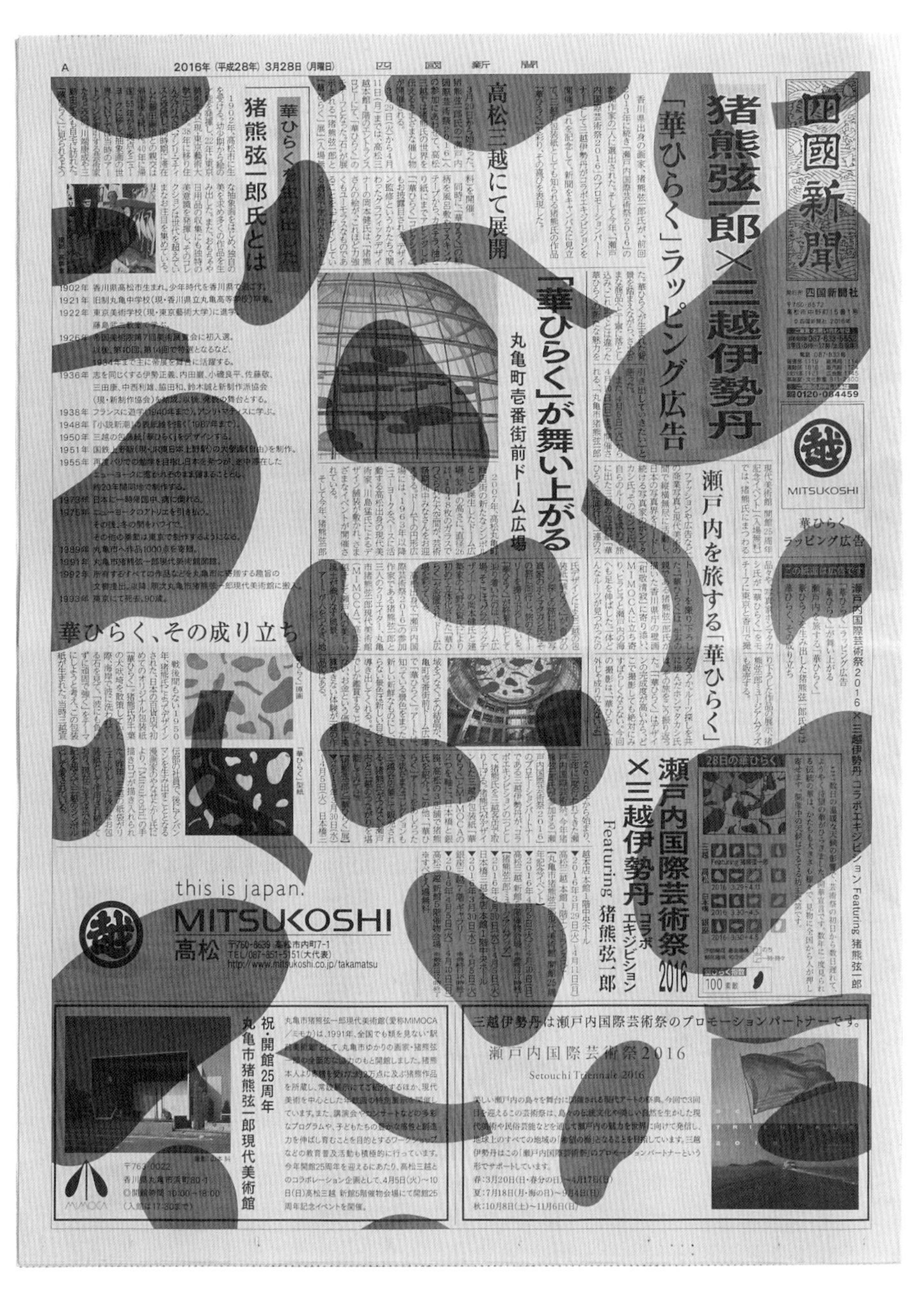

因为是艺术节的广告，有必要打破报纸的感觉，设计师采用这家百货商场经典的包装纸图案作为装饰元素。

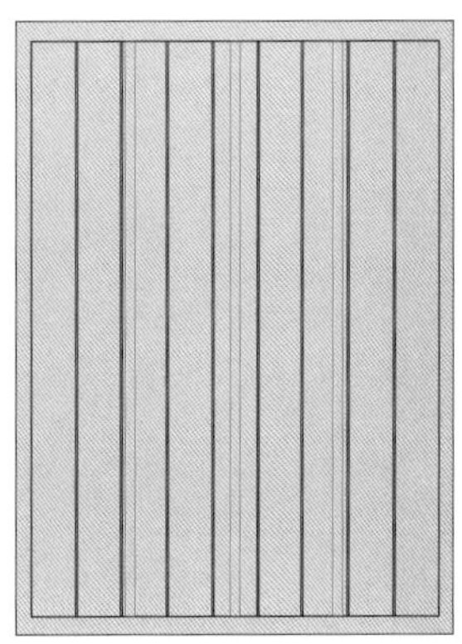

复合网格

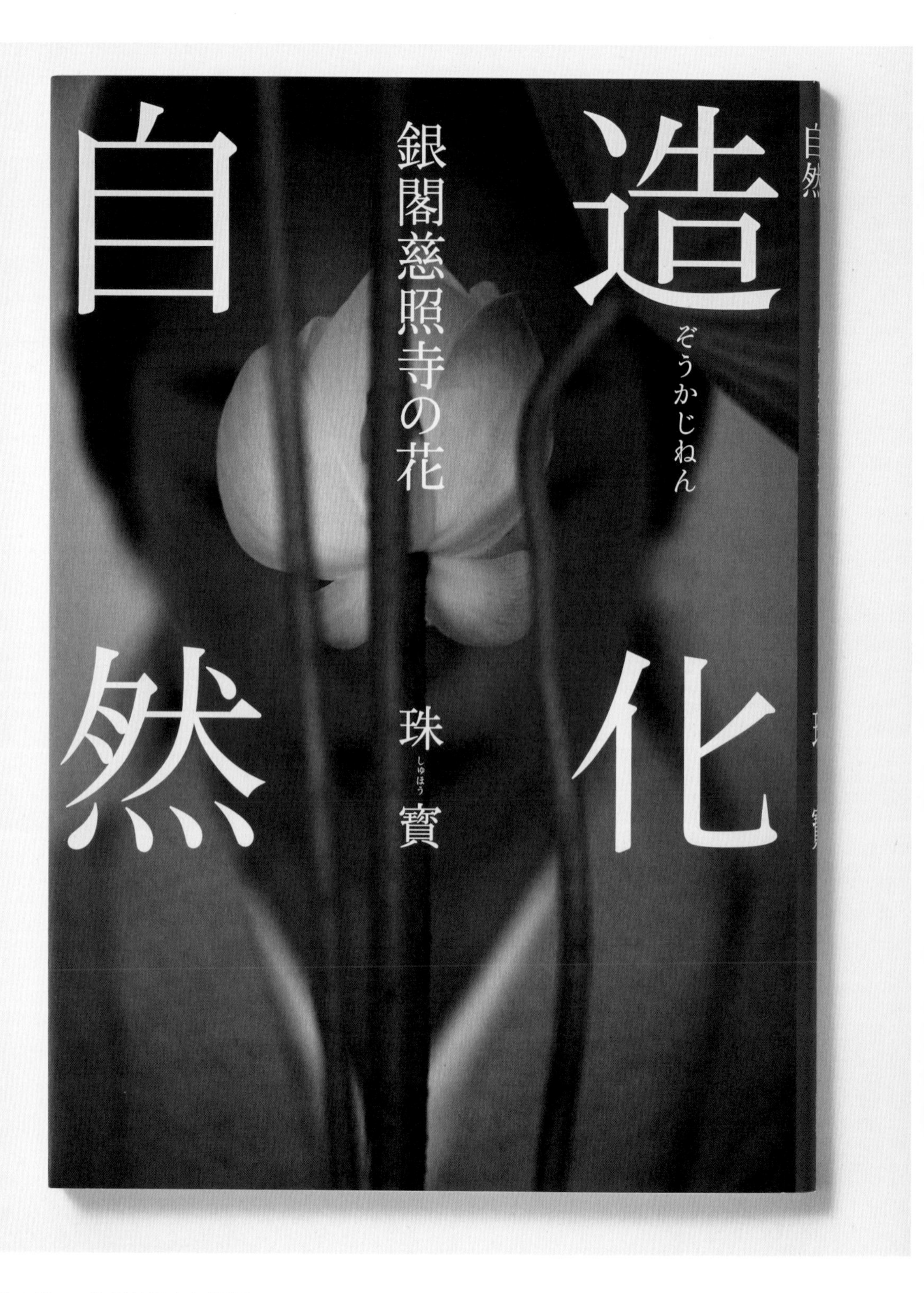

《造化自然——银阁慈照寺之花道》

日本花艺大师珠宝花士编著了这本《造化自然——银阁慈照寺之花道》。该书的装帧和排版设计通过大胆的留白构建宁静的美感和形式感。

设计：原研哉、中村晋平、Akane Sakai

造化自然　銀閣慈照寺の花　目次
入門ABC　花と向き合うまえに
銀閣慈照寺
序
一章　花伝の章
二章　知新の章

造化自然　銀閣慈照寺の花
珠寳

入門ABC　花と向き合うまえに
A　花を目指す方
（花＝わたし＝あなた）
B　花を楽しみたい方
（花＆わたし＆あなた）
C　ABの方ともにおすすめ
古典を読む
自然を観察する
必ず成ると信じる
人の何倍も努力をする
花と親しみ、楽しんで、元気になる
とにかく続ける
畑仕事
禅語を感じる

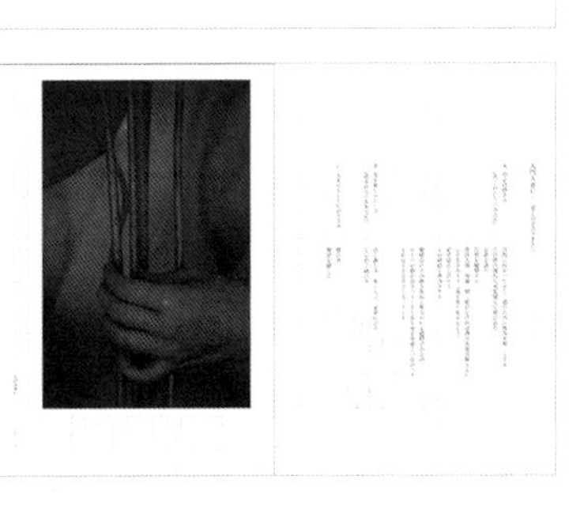

二章　知新の章
古典を体にしみ込ませて、「ただの心」でもう一度
花を観る。
表裏や前後の相対性を絶していること、一切の執
着を脱した境地。
「君はみつけた？」

一章　花伝の章

東山山荘（後の銀閣慈照寺）の造営に没頭する義政公が心をつけたのが、大きな建物である会所よりも、義政自身の持仏堂と書斎を含む個人的な建物、西指庵と東求堂であった。現存する東求堂内には同仁斎とよばれる四畳半の書斎が残っており、また義政公の気配さえ感じられる。同仁斎は唐の文学者であり哲学者であった韓愈の記した「一視同仁」の語を典拠とする。五百年の時を超えるこの空間は、我々現代人に何の違和感も覚えさせない超デザインなのである。義政公は、社会的地位に関係なく才能ある人々を起用し、同朋衆として専門化した。これもまた「一視同仁」の精神にもとづくのか。東山時代、大きな空間に絢爛に飾られる座敷飾りの花から、一瓶に立てた花を静かに眺めるという義政公の境地が、側近の同朋衆と共にあらゆる分野で熟成される。これらが日本の美の規範となっていくのである。

東求堂 同仁斎書院

大きな花も小さな花も、
同じくらいの美が
備わっている。
生きているから。

初作　はじめに身につけること

一、日約　二、空間　三、道具　四、花材の順に段取りする。

草木を養う　草木花は切って、新鮮なうちに深水で養っておく。虫などついていたら取除く。

掃除　花をする空間、飾る場所を清める。

水　慈照寺では、側に山水を汲んでいる。水は花材と同様、とても大事なものである。

香　香を焚き、場を清め、心を静かにする。

挨拶　はじめの挨拶。

道具の準備　花籠　花台　花氈　花手桶　あて木　物差し　敷布　花鋏　花小刀　鉈　のこぎり　手箒　花巾　竹くし　水次やかん　花水差し　露うち　など、道具を所定の位置に揃える。鋏は屋外で使用する剪定鋏と、座敷で使用する花鋏との区別をする。花台は「床」と同じ扱いをする。

花留の用意　たてる花はコミワラを用意。いける花は花配りに用いる竹、枝や又木、その他なげいれ花は、基本的に花留は用いない。

花氈

花氈は内外を清めて、物差しで正確に測って花台の真ん中に据える。
花瓶の正面を定める。
刃物道具は利き手側に花巾を広げ、その上に揃えて置く。
花台と自分の間に花巾を広げる。
花瓶に水次やかんで水を六分目まで注ぐ（花留が水にひたるまで注ぐ）。

花材を運ぶ

花手桶や花籠を使って水屋から花材を座敷へ運ぶ。花巾をもつ。

たてる　いける　いれる

花を生けはじめる前に心を静かに整える。
軽く一礼し、草木花に随って手早く生け進めていく。
大自然からいただいた草木花には命があり個性がある。
先ずはよく観察し（花のこえをきいて）進めていく。
片付けながら進める。

花を生け終えたら

花瓶の水中に花くずが浮いていないか、
花台の中心に花瓶が据えられているか、花瓶の正面が動いていないか、再度確認する。

Chapitre I — Transmission de l'ikebana classique

[illegible]

〇二七

Dans l'ikebana, quand on contemple une composition, l'intérêt doit se porter sur le *mizugiwa* (le bord de l'eau) plutôt que sur les plantes qui en émergent.
Que *ressentez-vous en contemplant ces feuilles rouges s'élevant du mizugiwa* !
« Aujourd'hui, je vous accueille avec chaleur ». Pouvoir insuffler cette sincérité dans chaque feuille est également un des plaisirs de l'ikebana.

〇二八

Sujet prisé dans la poésie *waka*, le cerisier est aujourd'hui le symbole du Japon. Toutefois, cet arbre apparaît peu dans la création florale au début de l'histoire d'ikebana.

〇三一

« *L'arrangement Nageirebana est le "Fune no hana"* », phrase tirée du manuel *Détails concernant la décoration florale pour les salles de réception zashiki* (宜相筆 花伝　座敷飾花の手鑑口伝之) de Sōami (un *Dōbōshū*, experts en art de Yoshimasa).
Durant l'époque Muromachi, le Nageirebana désignait l'arrangement mis dans un récipient en forme de barque.

〇三三

La pivoine arbustive, la « Reine des fleurs ».

« *Mettre des fleurs dans un vase signifie mettre des fleurs dans un panier, de la manière la plus naturelle possible* », tiré du *Détails concernant la décoration florale pour les salles de réception zashiki* de Sōami, un expert en art *Dōbōshū* de Yoshimasa (宜相筆 花伝　座敷飾花の手鑑口伝之).
Arranger des fleurs dans un vase signifie les mettre dans un panier. Déjà à cette époque, l'enseignement précisait qu'il fallait « les arranger naturellement, comme dans un paysage de campagne ».
Comme le style Tatebana, cet arrangement dans un récipient en forme de barque (Fune no hana) ou en vannerie (Saitō no hana) a été apprécié des maîtres de thé, donnant ainsi naissance au style Chanoyu no hana (ikebana de la cérémonie du thé).

〇三五

A côté de la pivoine arbustive *botan*, aussi appelée la « Reine des fleurs », la pivoine de Chine (*shakuyaku*) fait partie des fleurs les plus prisées.
Contrastant avec les formes pleines de la *botan*, la *shakuyaku* se démarque par sa beauté longiligne. Le secret d'une composition utilisant la *shakuyaku* repose [illegible] dans la « feuille » placée en premier plan.

〇三六

Ayame (iris sanguin).

〇三七

Kakitsubata (iris d'eau japonais).

〇三八

Hanashōbu (iris du Japon).

Dès le mois de mai, les Iridacées s'épanouissent les unes après les autres : *ayame*, *kakitsubata* et *hanashōbu*. Mais chacune conserve un attrait qui lui est propre. Je recommande de les observer à l'état naturel, de regarder la forme de leurs feuilles et comment elles émergent de l'eau (*mizugiwa*).

〇四〇

« L'ikebana » consiste à redonner vie dans un vase à des végétaux coupés par la main des hommes, selon des règles simples et en respectant leur nature innée. En ikebana, on distingue trois styles d'arrangement, Tatebana, Ikebana et Nageirebana, que l'école d'ikebana du temple Ginkaku Jishō-ji différencie selon leur support, le « *kenzan* ».
Pour le Tatebana, on utilise un *komiwara*, constitué des pailles de riz rassemblées en botte. Pour l'Ikebana, c'est un *hanakubari*, fait avec des branches et des bâtonnets de bambou, ou bien d'autres supports comme un caillou creux (*ishi ana* en japonais), voire un objet en fonte, parfois en forme de crabe. Le Nageirebana ne nécessite en principe aucun support. La clé pour disposer des fleurs promptement avec élégance dépend de la capacité à savoir les placer correctement dans le vase.
L'ikebana de l'école Musō-shinkoryū, fondée dans le nord du Kyūshū et qui a développé un lien privilégié avec le temple Ginkaku Jishō-ji, est un style d'ikebana parmi d'autres. Ce style, qui ne nécessite que quelques végétaux constituant les parties appelées « *Tai* (体 : cœur) et *Yō* (用 : auxiliaire) », cherche à reproduire l'équilibre symbolisé par le précepte « *Ten-Chi-Jin sansai* (天地人三才) », l'harmonie entre le Ciel, la Terre et l'Homme. L'ikebana de cette école, à la fois paisible et gracieux grâce à son *mizugiwa* (le bord de l'eau) nettement marqué, met en valeur la nature innée de chaque plante utilisée.

Composition dans le style Ikebana avec cognassier du Japon.

〇四三

Composition dans le style Ikebana avec magnolia de Kobé et camélia du Japon.

〇四四

Composition dans le style Ikebana avec aspidistra élevée.

Les trois feuilles relient le Ciel (*ten*), l'Homme (*Jin* ou *nin*) et la Terre (*chi*).

〇四六—〇四七

Le principe de l'ikebana
— École d'ikebana du temple Ginkaku Jishō-ji
(Pavillon d'argent) —

L'art de l'arrangement floral japonais, ou ikebana, utilise des fleurs, des branches et des feuilles pour représenter la Nature telle qu'on peut la trouver à l'état sauvage, dans les campagnes, les montagnes et au bord de l'eau. Il est important que la composition soit exempte de toute expression personnelle et que les éléments qui la composent émergent fièrement du *mizugiwa* (le bord de l'eau), pleins de fraîcheur.
Depuis les temps anciens, lorsque les personnes attirées par la Voie des fleurs (autre nom de l'ikebana) trouvaient des plantes propres à adoucir leur âme, ne serait-ce qu'une simple branche verte ou une simple fleur, et y décelaient l'infinité des formes issues de la Nature, elles les plaçaient promptement dans un vase, raffinement dont elles se réjouissaient au point d'en faire une pratique. De même, les adeptes de la poésie *waka* affirment qu'« un *waka* qui considère uniquement les plus jolies fleurs plutôt que les mouvements invisibles du cœur et privilégie les effets stylistiques ne représente qu'un amoncellement de mots sans intérêt, pareil à un tas de feuilles mortes dans la forêt ».
Avant même de songer à fixer des règles à la Voie des fleurs, si on oublie de considérer les végétaux comme des êtres dotés d'une vie et une personnalité propres, au même titre que les êtres humains, et d'en apprécier la nature fondamentale, cet art perd alors son sens et ne consiste plus qu'à couper des fleurs et de les mettre dans un vase.

Traduction en Français

〇〇一

Recréer la Nature
Ikebana du temple Ginkaku Jishō-ji

Ikebana et texte : Shuhō

〇〇二

ABC — Initiation, avant de commencer un arrangement floral —

A　Pour ceux qui souhaitent devenir expert ou professionnel en ikebana : Fleur - Moi - Toi.
La retenue est la qualité primordiale pour progresser correctement vers son but.
S'immerger dans le cycle des saisons.
Étudier les Classiques.
Observer la nature.
90% de pratique et 10% de théorie
(sans technique, il est impossible
d'appréhender véritablement le sens
de la théorie).
Se projeter sans ses plus (oublier son ego pour
penser aux autres).
Croire sincèrement en son potentiel.
Faire plus d'efforts que les autres.

Ce processus demandera des efforts et des exercices routiniers. Mais une fois que vous vous êtes fixé un axe central, tous les événements seront reliés les uns aux autres, vous procurant ainsi une grande joie.

B　Pour ceux qui souhaitent pratiquer l'ikebana : Fleurs & Moi & Toi.
Apprécier de passer du temps en compagnie des plantes et se sentir bien à travers cette expérience.
Quoi qu'il en soit, continuer cette pratique.

C　Recommandations sur A et B.
Jardinage.
Se familiariser avec les *zengo* (phrases zen).

〇〇四—〇〇五

Recréer la Nature
— Ikebana du temple Ginkaku Jishō-ji —
Table des matières

〇〇六

Mousse et Camélia du Japon du temple Ginkaku Jishō-ji.
Le Ciel et la Terre ont une même origine, tous les êtres ont une même nature (天地同根　万物一体).

〇〇八

Le temple Ginkaku Jishō-ji

À l'origine, le temple Tōzan Jishō-ji (plus connu sous le nom du Pavillon d'argent) était une retraite du nom de « Higashiyama den » que le huitième shōgun Yoshimasa ASHIKAGA (1436–1490) avait fait construire sur le mont Higashiyama. Après sa mort, elle devint un temple de l'école Zen Rinzai et prit le nom de Jishō-ji, d'après le nom posthume bouddhique de feu Yoshimasa.

Le nom du Tōgudō (salle privée pour accueillir la statue de Bouddha Amida et cabinet de travail) a pour origine un passage du sūtra *Rokuso-dankyō*, « Les gens de l'est qui souhaitent renaître à l'ouest (Terre Pure) récitent les invocations à Bouddha (東方人念仏求生西方) ». En plus de sa valeur historique, le temple Ginkaku Jishō-ji est également important par la présence en son sein du Tōgudō, un espace symbolisant l'idéal du shōgun Yoshimasa. En restant fidèle à ses aspirations, nous considérons qu'il est important de faire notre possible pour promouvoir la culture et mieux faire connaître les éléments spirituels qui la sous-tendent. Ce lieu, où l'on pratique des activités utiles pour la société, doit devenir le modèle de cette volonté. Les efforts continuels destinés à enrichir le contenu de ces actions permettront le rayonnement de nouvelles formes culturelles japonaises.

Le Tōgudō du temple Ginkaku Jishō-ji (trésor national).

〇一〇

Préface
par le Révérend Raitei ARIMA,
Supérieur général du temple Ginkaku Jishō-ji

Vers la fin de sa vie, le shōgun Yoshimasa ASHIKAGA choisit d'installer une retraite au pied du mont Higashiyama, où il développa diverses activités culturelles. Retiré de la vie politique, Yoshimasa se passionna pour les études et les arts, domaines où il montra pleinement sa capacité à diriger des activités culturelles. Sous le patronage du shōgun, de nombreux artistes purent pleinement exprimer leur talent et apporter d'importantes contributions à leurs spécialités respectives, dont l'ensemble est aujourd'hui connu sous le nom de « culture de Higashiyama ». Bien que de formation essentiellement littéraire, l'intérêt de Yoshimasa s'étendait à de nombreux domaines, comme la peinture et la calligraphie, les poésies *waka* et *renga*, la cérémonie du thé et le théâtre Nō. Bien que tel fut son destin, il souffrait de sa qualité d'héritier du shōgun. À la recherche d'un espace de liberté loin de toute contrainte, Yoshimasa s'absorba dans une succession de réalisations culturelles où, tel un poisson ayant retrouvé son élément, il démontra une autorité et des talents artistiques insoupçonnés. Parmi les choses qu'il nous a léguées, les ouvrages *Recueil en deux parties des œuvres de la résidence princière* (君台観左右帳記) et *Détails concernant la décoration florale pour les salles de réception Zashiki* (座敷飾花の手鑑) présentent une description détaillée de la décoration des *zashiki* salle de réception. Grâce à ces documents, nous pouvons étudier précisément la décoration des *shoin* (salles d'étude) et l'ikebana de cette époque. Comme en témoigne l'ouvrage *Livre sur les Lespedeza* (萩の巻) de Karakashi Senotan, ce style d'ikebana donna par la suite naissance à l'école d'ikebana Musō-shinkoryū, qui prospéra durant l'époque d'Édo. Cet ouvrage présente ainsi le début de la construction du futur temple Ginkaku Jishō-ji : « *Lorsqu'on considère les origines de l'arrangement floral, cette pratique débuta (en Inde) du vivant de Bouddha pour se répandre ensuite en Chine, jusqu'à l'époque du peintre Mi Youren (1074–1151) sous les Song. Au Japon, (elle débuta) lorsque le huitième shōgun Ashikaga, le Seigneur Jishōin Junmigū Yoshimasa (1436–1490) bâtit ce site et le Pavillon d'argent pour y établir sa retraite, après avoir laissé la gestion du pouvoir à son fils, Yoshihisa ASHIKAGA (1465–1489)* ». Ce même ouvrage déclare aussi : « *Considérant que*

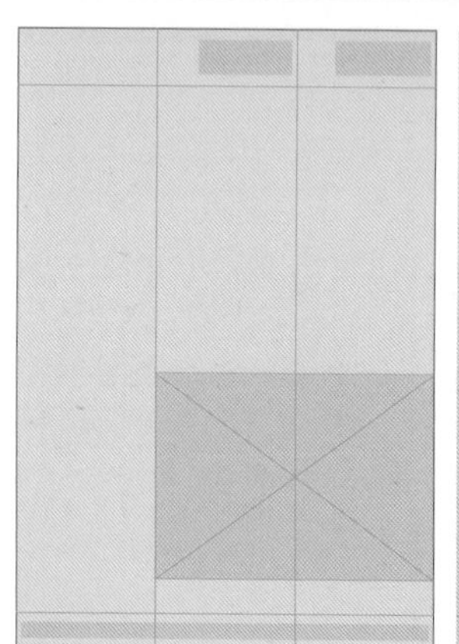

海报版面分为三栏，左侧一栏以标题竖排占满，底部网址横向贯穿版心，上方信息靠右贴近第二、三栏。

Roses、 *Le Code*、*Stäcka*、*Fake* 唱片海报与封面

这是一个单曲唱片系列，为了统一调性，设计师采用统一的三栏网格进行版面编排设计，同时设计了诙谐的标题字体以增加视觉上的趣味性。

设计：Lars Högström

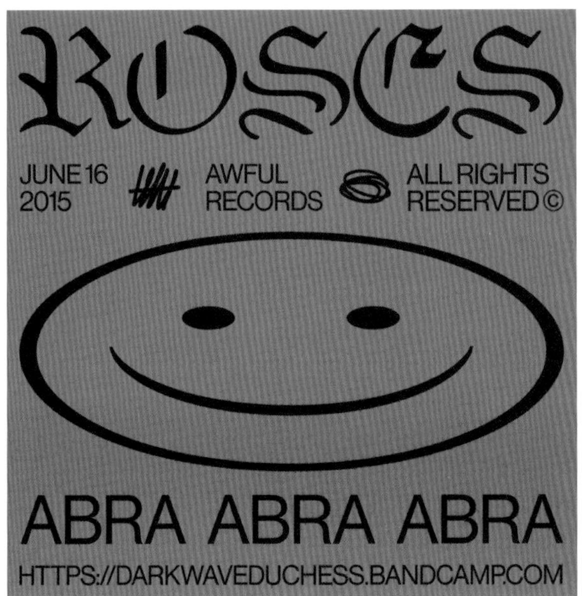
ROSES
JUNE 16
2015
AWFUL
RECORDS
ALL RIGHTS
RESERVED ©
ABRA ABRA ABRA
HTTPS://DARKWAVEDUCHESS.BANDCAMP.COM

LE CODE
12.7.2017
@MYTHSYZER
/SYZERMUSIK
℗ & © 2017
ANIMAL63
MYTH SYZER
LE CODE
FEAT. BONNIE BANANE, ICHON & MUDDY MONK

SONY MUSIC
SWEDEN
CDR / 2017
PROMO
1 SONG
4 MIN 26 SEC
Stäcka
YASIN
YASIN
YASIN
℗ SONY MUSIC ENTERTAINMENT SWEDEN AB

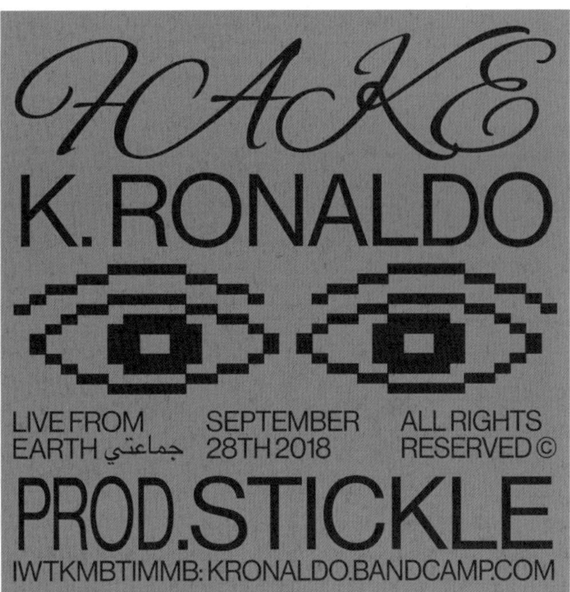
FACKE
K. RONALDO
LIVE FROM
EARTH جماعتي
SEPTEMBER
28TH 2018
ALL RIGHTS
RESERVED ©
PROD.STICKLE
IWTKMBTIMMB: KRONALDO.BANDCAMP.COM

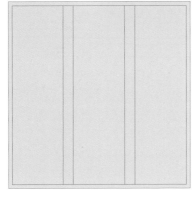

三栏网格

The history of Hokkaido　Important cultural assets　Life and Interaction of people

歴史を伝え、生活を彩る。
文化財と、和洋折衷喫茶。

札幌の中心部に近く、
自然豊かな永山記念公園の中にある、
旧永山武四郎邸及び旧三菱鉱業寮。
北海道開拓の歴史の中で重要、
そして、価値のある場所です。
その中にある和洋折衷喫茶ナガヤマレスト。
旧永山武四郎邸の特徴と同じく、
和洋折衷をコンセプトにした懐かしい洋食と、
今の時代の料理の融合をテーマにしています。
この場所でひとときを過ごしていただくことで、
文化財を疎遠なものではなく、
生活の中で関わりのある身近な場所だと
感じていただきたいと思っています。
また、ここが公園に咲く花のように、
皆様の生活を少しでも明るく彩る存在として
笑顔の溢れる場所になること願っています。

Naga
yama
Rest

ナガヤマレストのおすすめメニューは、牛100%ハンバーグビーフシチュー ¥1,280、永山邸カレー¥980、桜えびソースと日高産マスカルポーネのたらこスパゲッティ¥990、特製厚焼き卵のサンドイッチ¥790などのお食事や、十勝 新得町北広牧場のソフトクリーム¥390、いちごパフェ¥1,180、プリン・ア・ラ・モード¥980などのスイーツです。和洋折衷や、懐かしの味をイメージした内容となっています。お飲み物はオリジナルのコーヒー、ナガヤマブレンド¥450、黒蜜ほうじ茶ラテ¥590、北海道熟成茶¥390、ブルソーダフロート¥550など。時には北海道の歴史に触れたあとの余韻にひたりながら、また時にはお休みの憩いのひとときに。みなさまの暮らしの中、様々なシチュエーションでご利用ください。

TO GO 各種ドリンク・パフェはテイクアウトも有

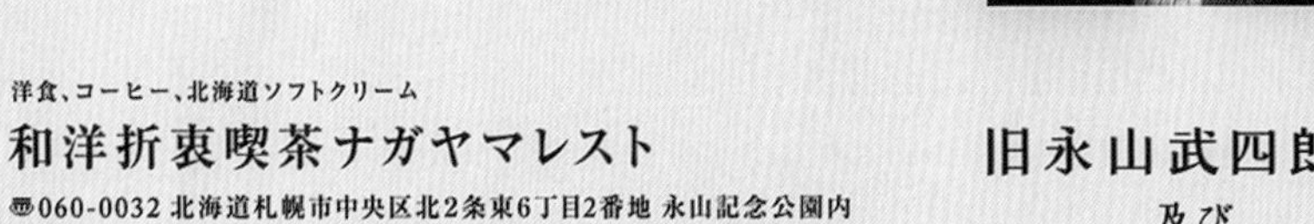

洋食、コーヒー、北海道ソフトクリーム
和洋折衷喫茶ナガヤマレスト
〒060-0032 北海道札幌市中央区北2条東6丁目2番地 永山記念公園内
地下鉄東西線「バスセンター前」下車 徒歩8分、サッポロファクトリー アトリウム東側出口からすぐ
営業 11:00-22:00　定休日 毎月第2水曜日　電話 011-215-1559

旧永山武四郎邸
及び
旧三菱鉱業寮内

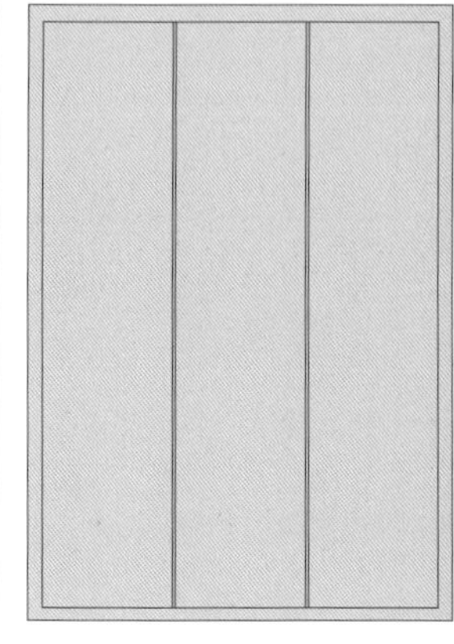

三栏网格

Nagayama Rest 咖啡店宣传物料

设计：Nomura Sou

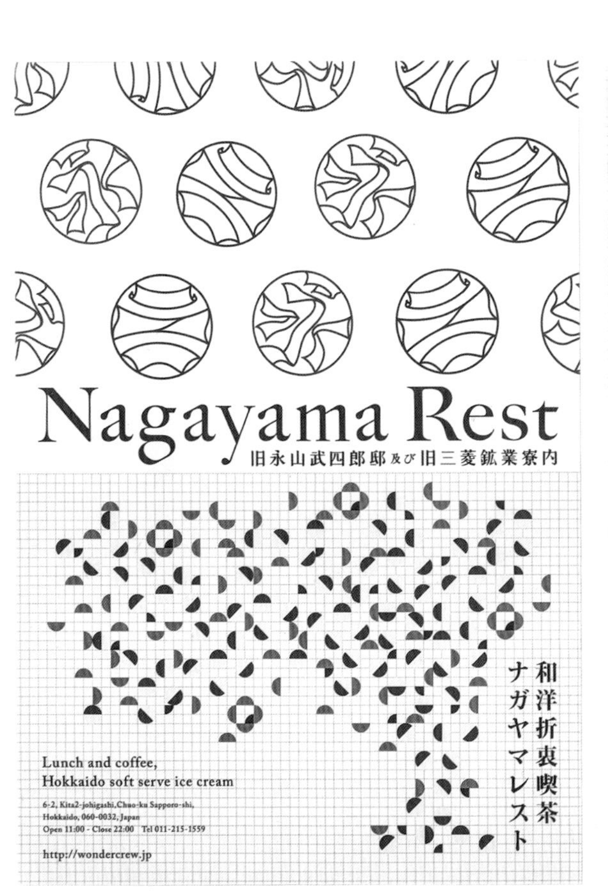
Nagayama Rest
旧永山武四郎邸及び旧三菱鉱業寮内
和洋折衷喫茶
ナガヤマレスト
Lunch and coffee,
Hokkaido soft serve ice cream
6-2, Kita2-johigashi,Chuo-ku Sapporo-shi,
Hokkaido, 060-0032, Japan
Open 11:00 - Close 22:00 Tel 011-215-1559
http://wondercrew.jp

Naga
yama
Rest
和洋折衷喫茶ナガヤマレスト
Lunch and coffee,
Hokkaido soft serve ice cream
6-2, Kita2-johigashi,Chuo-ku Sapporo-shi,
Hokkaido, 060-0032, Japan
Open 11:00 - Close 22:00 Tel 011-215-1559
北海道指定有形文化財
旧永山武四郎邸
及び
旧三菱鉱業寮内

单栏网格

层级网格

中心点视觉流程

双栏网格

“江户的游玩绘” 收藏展宣传品

设计师羽田纯从头像绘画的特色中得到创作灵感设计了这些有趣的宣传材料。无论是正方向还是上下颠倒，人们都看到头像奇妙的神情，也能顺利阅读其中的信息。

设计：羽田纯

江戸時代の浮世絵師は、だます・悩ます・笑わせる!

江戸時代は、町人文化が大きく花開いた時代です。中でも江戸当世の風俗画である浮世絵は、演劇や風俗、風景など実に多種多様な題材で世相を映し出しており、流行や好みを反映した娯楽や情報源となりました。広く庶民に伝わった浮世絵は、手に入りやすい文化として、生活の中にとけこんでいったのでした。

この展覧会では、江戸の絵師や版元が工夫をこらして手がけ、機知に富んだ「遊び絵」の世界を、謎解き、隠し絵、文字絵、身振絵、影絵など、7つの章で紹介します。浮世絵の美に江戸の洒落が加わり、好奇心と想像力が刺激される遊び絵を、ご家族皆さんでお楽しみください。さぁて、江戸を沸かしたユーモアを、とくとご覧にいれやしょう!

あら、驚き!何人もいるぞ!

頭は5人ですが、視点をずらすと…10人もいるじゃありませんか。浮世絵師の創意工夫で誕生した「五頭十体図」です。

歌川貞景「五子十童図」(部分)

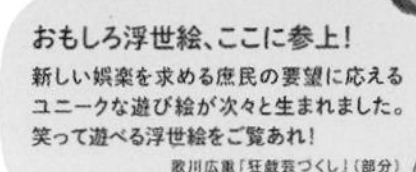

おもしろ浮世絵、ここに参上!

新しい娯楽を求める庶民の要望に応えるユニークな遊び絵が次々と生まれました。笑って遊べる浮世絵をご覧あれ!

歌川広重「狂戯芸づくし」(部分)

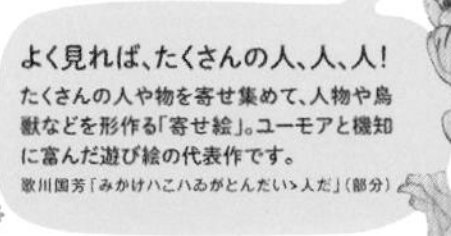

よく見れば、たくさんの人、人、人!

たくさんの人や物を寄せ集めて、人物や鳥獣などを形作る「寄せ絵」。ユーモアと機知に富んだ遊び絵の代表作です。

歌川国芳「みかけハこハゐがとんだいゝ人だ」(部分)

関連行事

●講演会「浮世絵にみる江戸の笑い—戯画」
講師:稲垣進一氏(本展覧会監修者・国際浮世絵学会常任理事)
日時:4月14日(土)14時～
会場:映像ホール ※聴講無料・申込不要です

●作品解説会
日時:4月21日(土)・5月5日(土・祝)両日とも14時～
※いずれも会場は展示室 ※要企画展観覧券

●浮世絵木版画制作実演 実演:東京 高橋工房
日時:4月28日(土)・29日(日・祝)両日とも10時～12時/13時～16時
会場:エントランスホール ※見学無料・申込不要です

観覧料
【当日】一般=700(550)円 大学生=350円
【前売】一般のみ=550円 ※前売券の販売は4月5日(木)までです。

※( )内は20人以上の団体料金です。※この料金で常設展も観覧できます。
※大学生の団体料金は、美術館にお問合せください。
※小・中・高校生及びこれらに準ずる方、18歳以下の方、各種手帳をお持ちの障害者の方は観覧無料です。
【前売券取扱所】富山県水墨美術館、富山県美術館、富山新聞社営業事業部、アーツナビ(富山県民会館、富山県教育文化会館、富山県高岡文化ホール、新川文化ホール)

5月9日(水)は「県民ふるさとの日」 ※無料開放については美術館にお問合わせください。

開館時間 午前9時30分～午後6時(入室は午後5時30分まで)
会期中の休館日 月曜日(ただし、4月30日は開館)
常設展示 近代水墨画の系譜/下保昭作品室
館内施設 ●茶室「墨光庵」(立礼席、薄茶とお菓子500円) ●カフェ北斗
●ミュージアムショップ「風花」 *展示室以外はフリースペース(入場無料)です。

次回予告 名都美術館名品展 2018年5月25日(金)—7月8日(日)

富山県水墨美術館 〒930-0887 富山市五福777番地 TEL:076-431-3719 FAX:076-431-3720
http://www.pref.toyama.jp/branches/3044/3044.htm 水墨美術館 検索

こたえ

エビと貝に見えますね。実は、釣り人が竿と草を使ってエビに、持ち物が貝の形になって見えていました。実体と影、意外な関係が楽しいですね。

歌川国芳「其面影程能写絵 おかづり・えびにあかがひ」(部分)

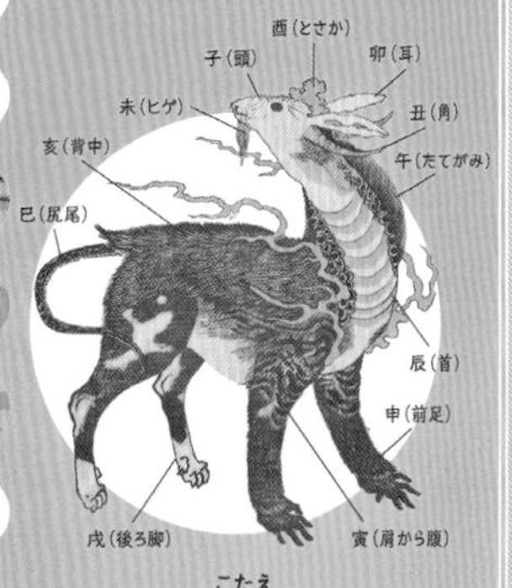

こたえ

「これを祭る人は悪年を免れ」るそうです。珍獣というより神獣といえるかもしれませんね。

答えは美術館で確認しよう!

問題:1

障子の向こうにいるのはなんでしょう?

問題:2

描かれた絵や文字から、かくれた言葉や意味を読み解くクイズのような浮世絵「判じ絵」です。左の3つの絵は、何を表しているでしょうか?

ヒント 「荷」に何か書かれているよ 魚の名前だよ

ヒント 点々がついているよ 魚の名前だよ

ヒント 坂を登る人の「荷」は何? 料理のメニューだよ

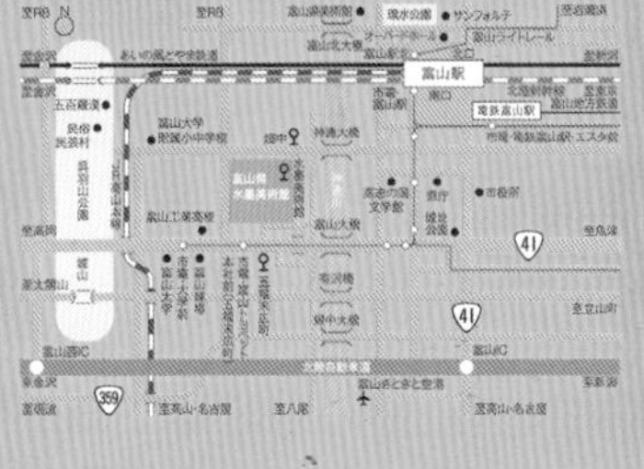

【交通のご案内】●富山駅南口から[市内電車]大学前行「富山トヨペット本社前(五福末広町)」下車、徒歩約10分[ぐるっとBUS]②乗場から北西周りルート「水墨美術館」下車すぐ[地鉄バス]③乗場から小杉・高岡方面行「五福末広町」下車、徒歩約10分/⑦乗場から四方・呉羽山老人センター・石坂・北代循環行「畑中」下車、徒歩約10分[タクシー]約10分●富山空港から[タクシー]約25分●北陸自動車道富山IC・富山西ICから[自動車]約20分●駐車場:乗用車165台、バス7台 *ご利用は無料です。

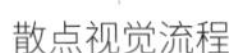

散点视觉流程

双栏网格

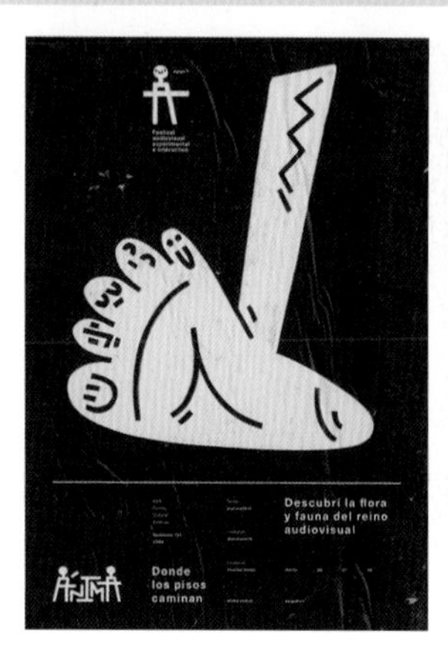

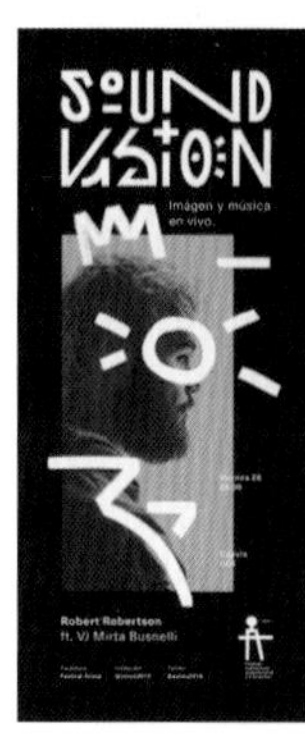

ÁNIMA 节宣传品

这是一个商业促销活动，活动中宣传的是关于实验与互动的视听产品。

设计：Nahuel Bardi

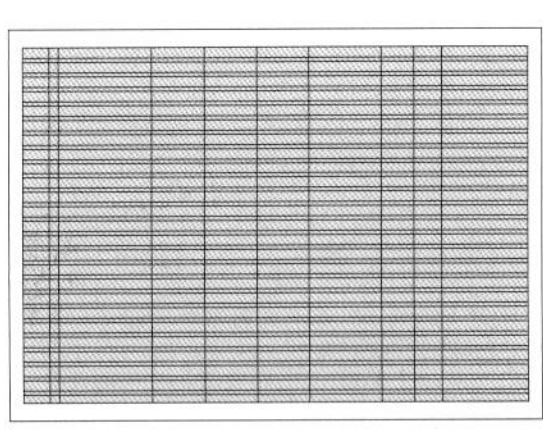

版面的编排，采用灵活的网格分栏进行排版，呈现瑞士风格，图文信息清晰、整齐。

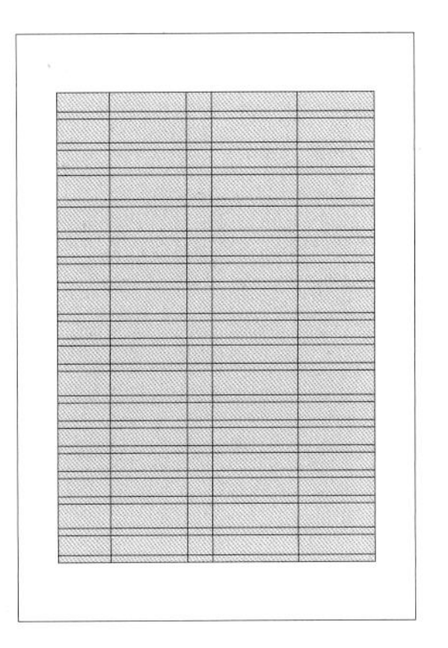

SU ER
FAMILY
01
9 771234 567003

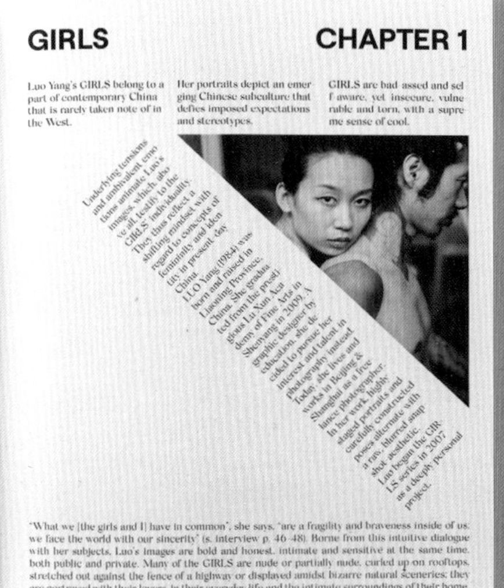

三栏网格

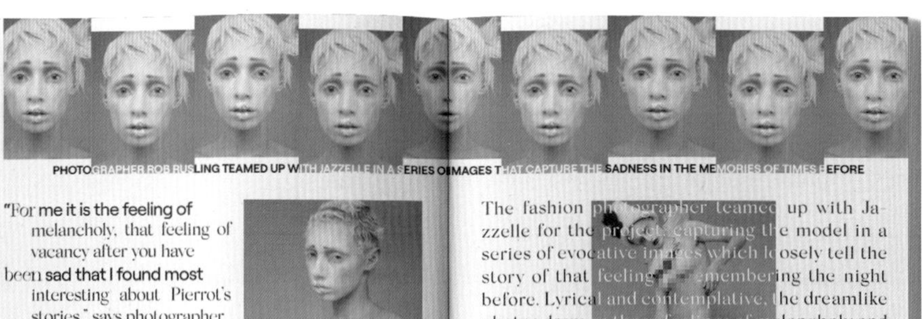

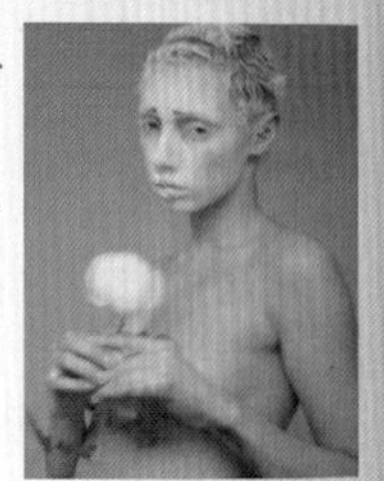

定位为一本反流行文化的独立艺术杂志，设计师对整本刊物的设计定位是自由、个性、独特的。所以每一个页面的图文编排都是根据内容的特点和体量来进行设计，并没有用统一的模式。

Gummistrikk 独立杂志

Gummistrikk 的设计遵循了 20 世纪 90 年代初杂志的精神理念——对表面形式的一种反抗，这也是全球反主流文化的一部分。*Gummistrikk* 与不知名的艺术家合作，摈弃肤浅，以个人表达和品质取胜，捕捉一个时尚的新世界。

设计 : Ristiano Cola

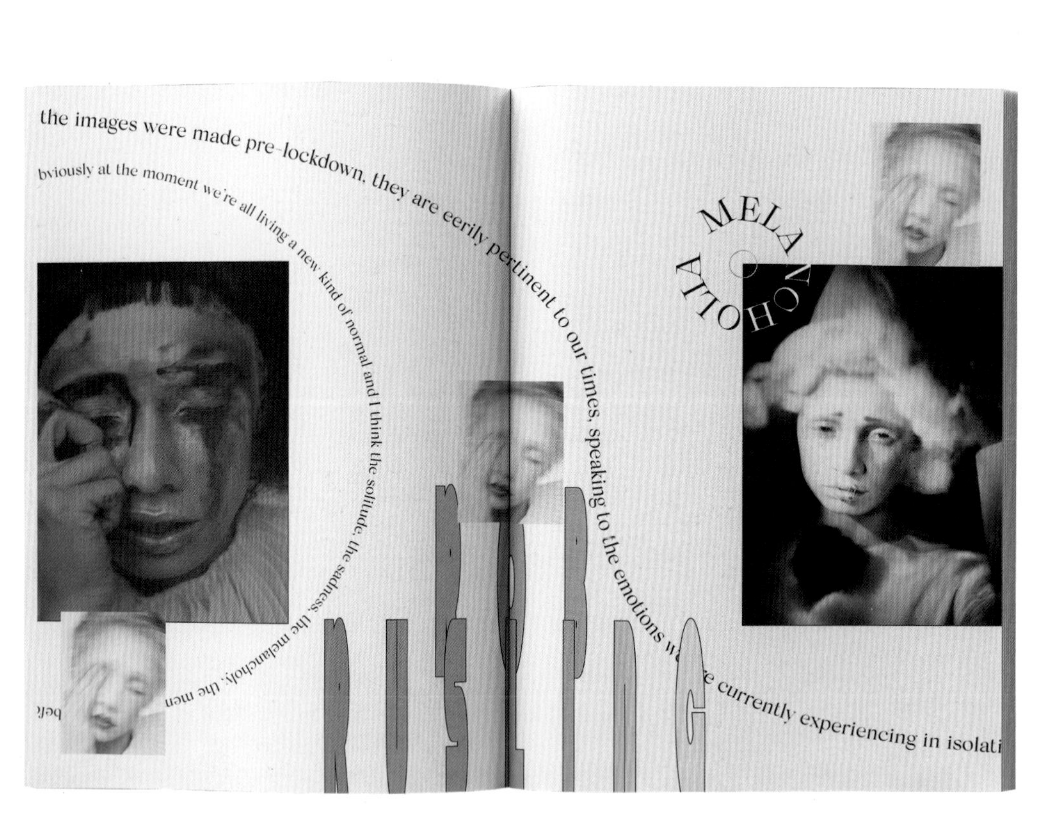

the images were made pre-lockdown, they are eerily pertinent to our times, speaking to the emotions we're currently experiencing in isolati
bviously at the moment we're all living a new kind of normal and I think the solitude, the sadness, the melancholy, the men
MELANCHOLLA
ROB RUSLING

文本曲线编排 + 无序散点视觉流程

图文置顶 + 大面积留白，将视觉聚焦在左页顶部。

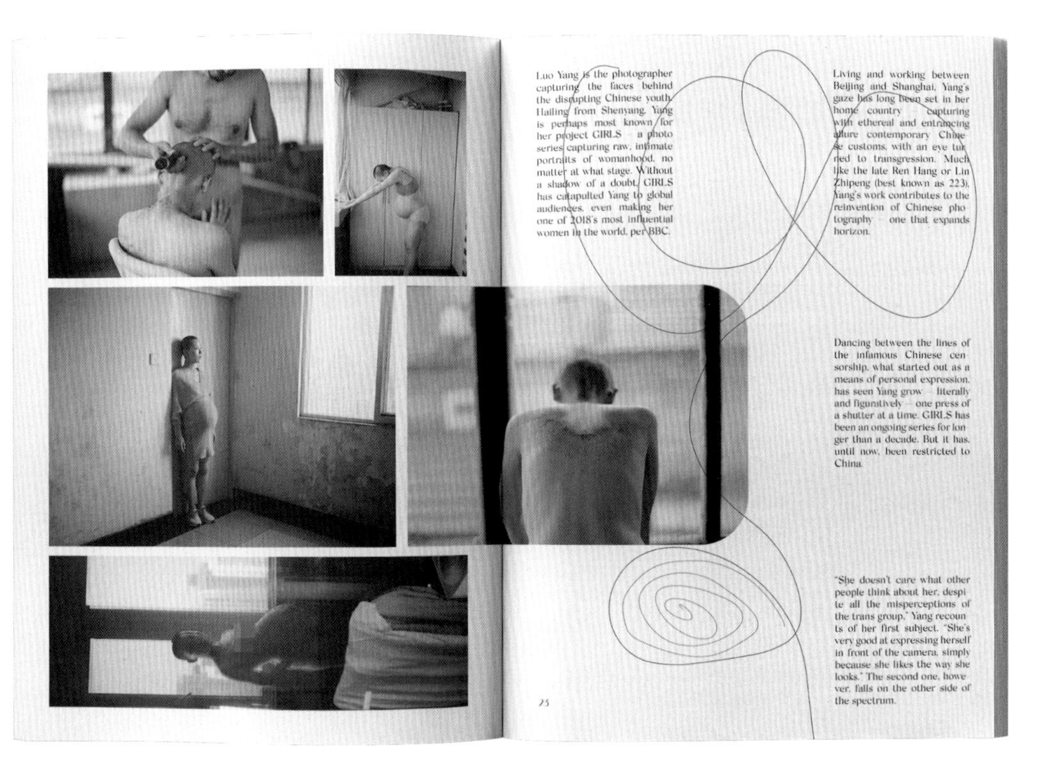

Luo Yang is the photographer capturing the faces behind the disrupting Chinese youth. Hailing from Shenyang, Yang is perhaps most known for her project GIRLS — a photo series capturing raw, intimate portraits of womanhood, no matter at what stage. Without a shadow of a doubt, GIRLS has catapulted Yang to global audiences, even making her one of 2018's most influential women in the world, per BBC.

Living and working between Beijing and Shanghai, Yang's gaze has long been set in her home country — capturing with ethereal and entrancing allure contemporary Chinese customs, with an eye turned to transgression. Much like the late Ren Hang or Lin Zhipeng (best known as 223), Yang's work contributes to the reinvention of Chinese photography — one that expands horizon.

Dancing between the lines of the infamous Chinese censorship, what started out as a means of personal expression, has seen Yang grow — literally and figuratively — one press of a shutter at a time. GIRLS has been an ongoing series for longer than a decade. But it has, until now, been restricted to China.

"She doesn't care what other people think about her, despite all the misperceptions of the trans group," Yang recounts of her first subject. "She's very good at expressing herself in front of the camera, simply because she likes the way she looks." The second one, however, falls on the other side of the spectrum.

23

三栏网格

Missing Photo?

FAMILY ISSUES

I started photography in college, by taking photos of people around me and most of them were girls. At that time I also took photography as a way to release my own feelings. I tend to shoot people who share similarities with me so it naturally became a girls series. Basically, I want to record people's touching and authentic moments, and now I've started a new series about the young generations in China, it includes both boys and girls.

25

文本绕图编排

第四章

版面视觉规划与引导

视觉引导是指读者在限定的界面内阅读时获取信息的先后顺序。版面设计本质上是一种规划，是为了传达一定量的信息而做出的设计行为，功能性是第一位的，最终是要解决看什么和怎么看的问题。

进行版面视觉规划和引导， 设计师首先要明确设计的目的、内容要求，先对文字信息进行提取和归纳，使信息有明确的层次，然后对图形、图片进行分类和处理，最后根据一定的顺序对元素做出合理的编排，形成视觉流动。

版面率

视觉层级

线性视觉流程

符号视觉流程

中心点视觉流程

散点视觉流程

版面率

即版面的利用率，通常是指版心占整个版面的比率。版心占版面多则利用率高，版心占版面少则利用率低。从版面视觉的角度来说，高版面率并不意味着视觉效果就突出，低版面率也不意味着视觉效果就弱。

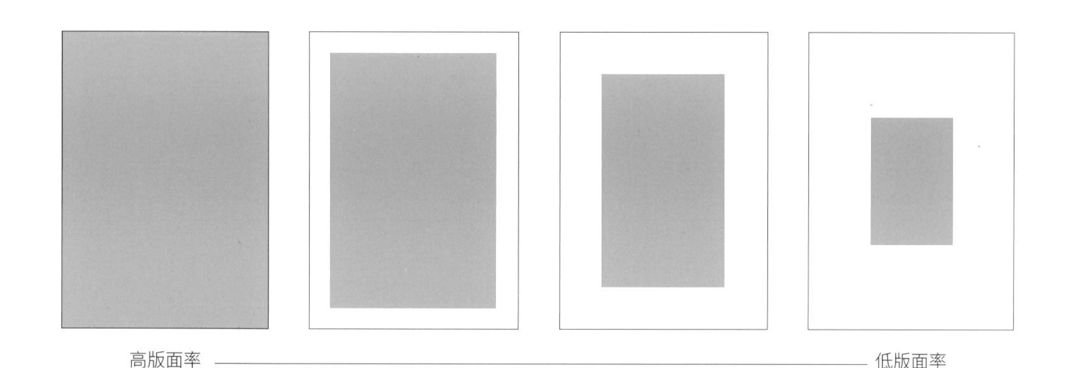

高版面率 —— 低版面率

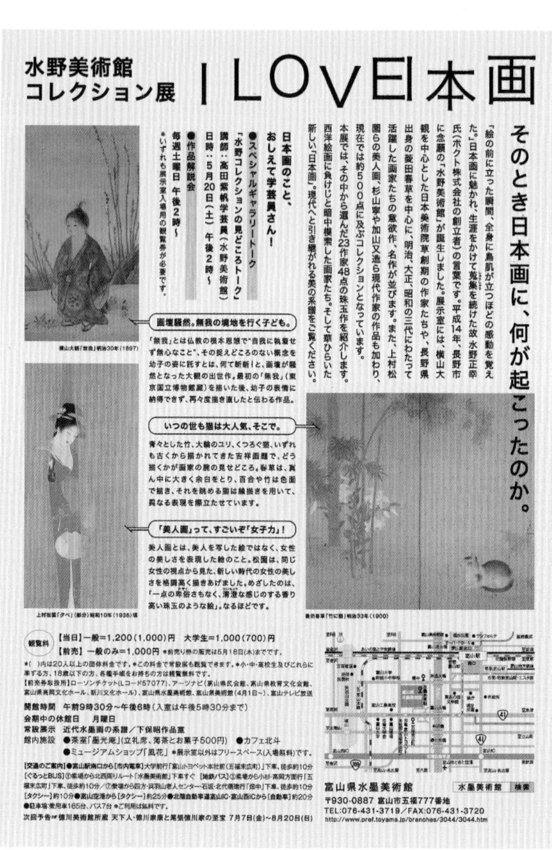

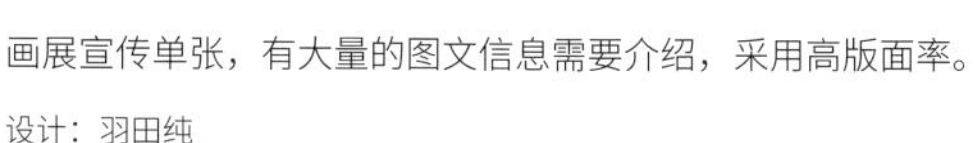

画展宣传单张，有大量的图文信息需要介绍，采用高版面率。

设计：羽田纯

喜剧表演宣传海报，采用低版面率反而更加突出主角。

设计：服部宏辉

视觉层级

指视觉元素按照一定的方式组织和排版，以强调优先顺序。在排版设计中，视觉层级非常重要，它可以创造视觉的兴趣焦点，引领读者浏览版面内容和相关信息。同时，它也影响正文的可读性，处理得当的层级关系可以准确传达信息。通常，视觉的层级关系会通过元素的大小、粗细、色彩、位置以及字体的变化等方面来表现。

构建视觉层级是一个有意识的信息构建的过程。

1. 面积

大小和视觉重量可以明显地表明层级关系。大号或加粗的字自然而然地最先吸引读者的注意力。

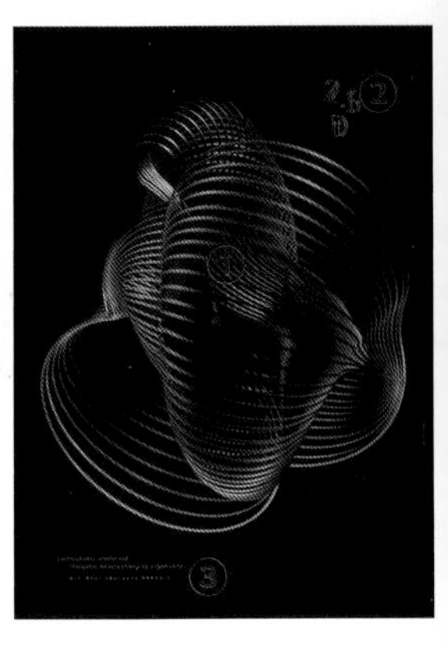

设计：内田喜基

2. 位置

最显眼或者重要的位置总能优先吸引读者。一般来说，位于上方的内容或者平行时右边位置的内容较为重要。

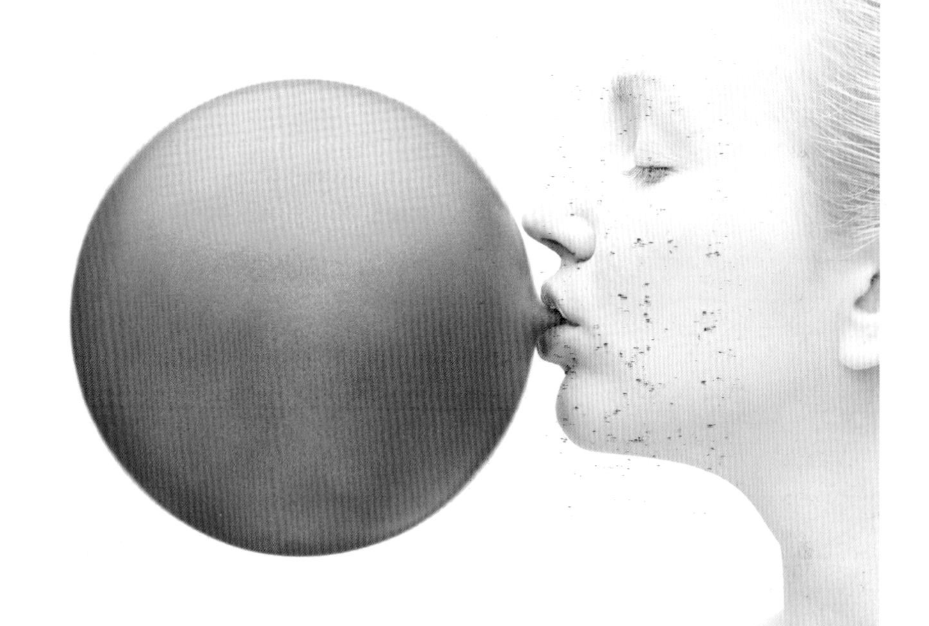

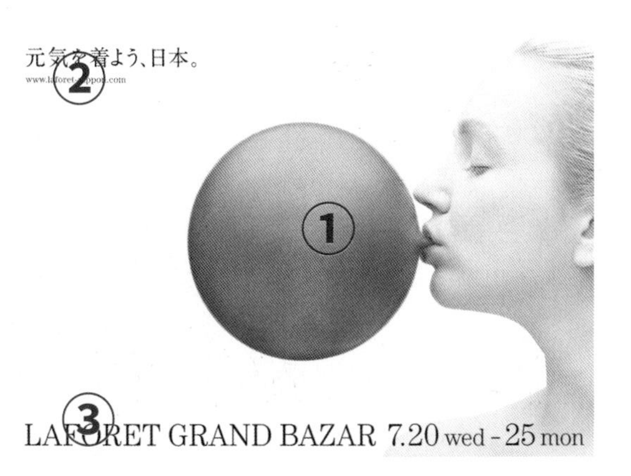

设计：古平正义

3. 色彩

色彩异于周围文字或其他内容的视觉信息更能吸引注意力。

设计：Mark Klaverstijn、Paul du Bois-Reymond

4. 字体

特征差异大的突出性字体显示的内容往往会重要一些。

该作品的文字大小和形态基本分为三个量级，我们的视觉流线也是跟着三个量级游走。

设计：汪平、高怀瑾

线性视觉流程

在限定的版面中从上、下、左、右不同的方向以流动的线性方式排版，建立具有顺序感的视觉流程。这种编排方式顺应了人们的日常视觉习惯。

线性视觉流程包括直线式、曲线式、射线式。

版面设计包含大量设计的法则和创意方式

直线式

版面设计包含大量设计的法则和创意方式

曲线式

版面设计包含大量设

计的法则和创意方式

射线式

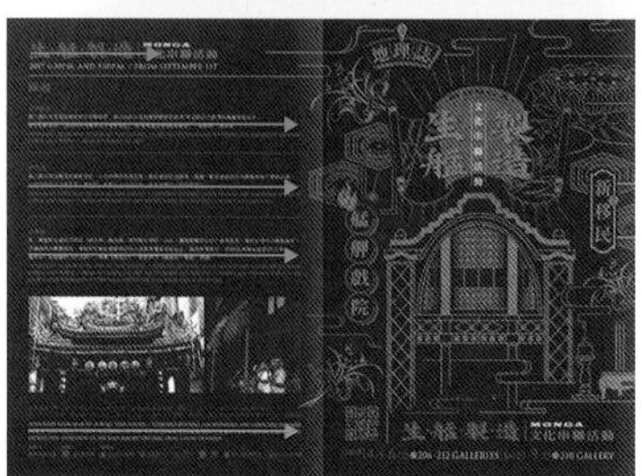

直线式排版

设计：吴穆昌

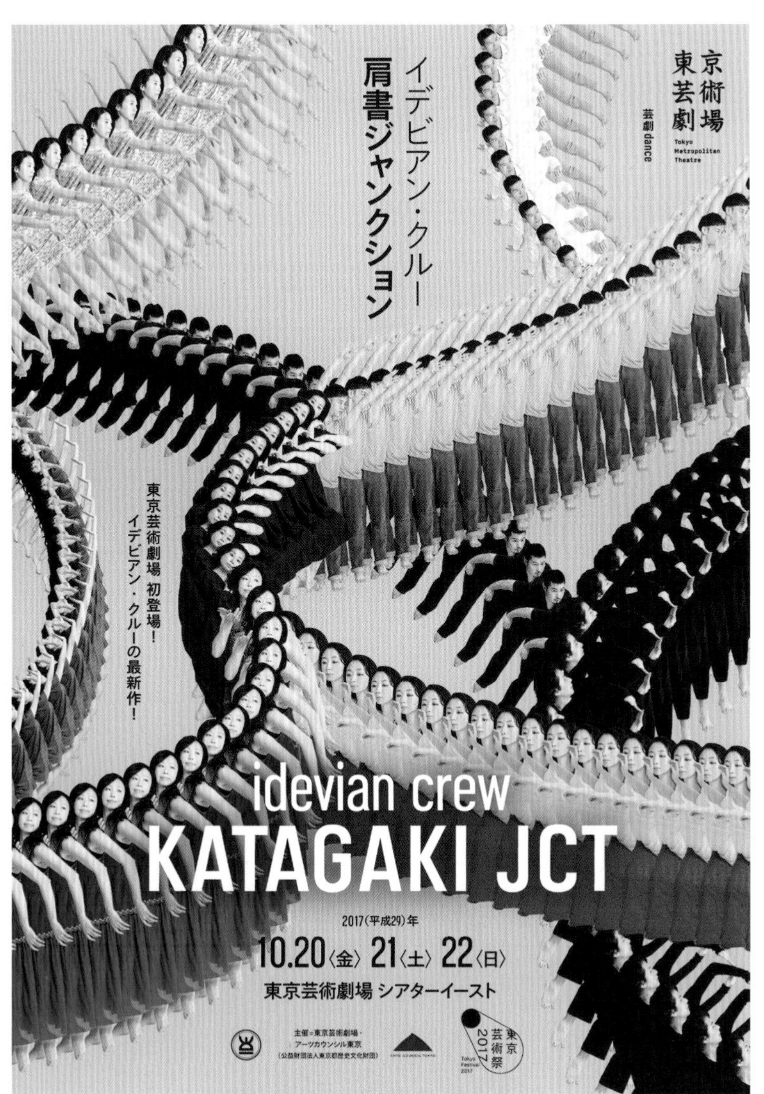

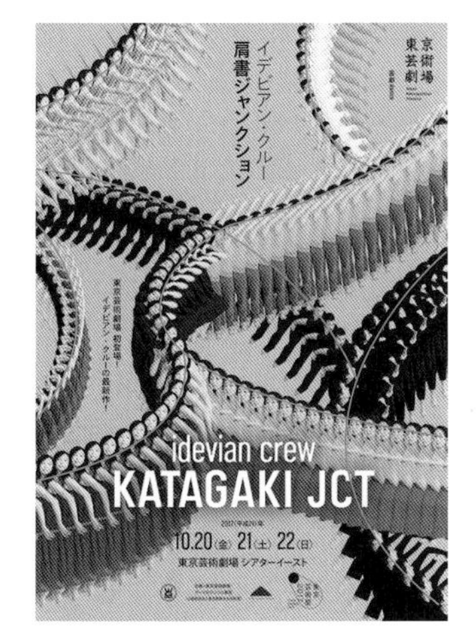

曲线式排版

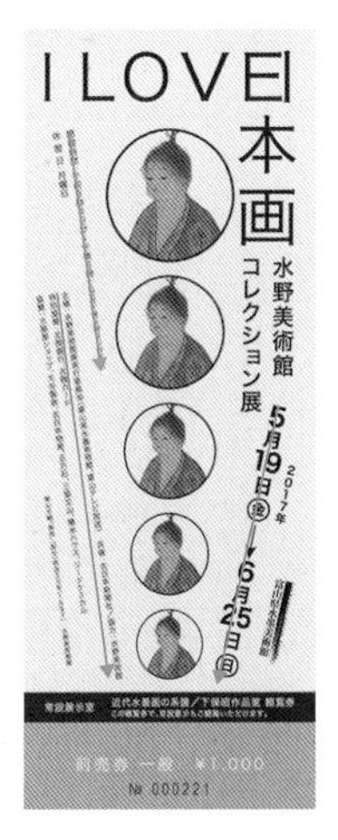

射线式排版

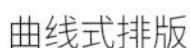

设计：秋泽一彰

设计：羽田纯

符号视觉流程

利用特定符号，进行放大、异化等方法形成视觉焦点，这样的视觉流程可能是跳跃的、曲折的、新颖的。

特定符号包括字符、图形、色彩等。

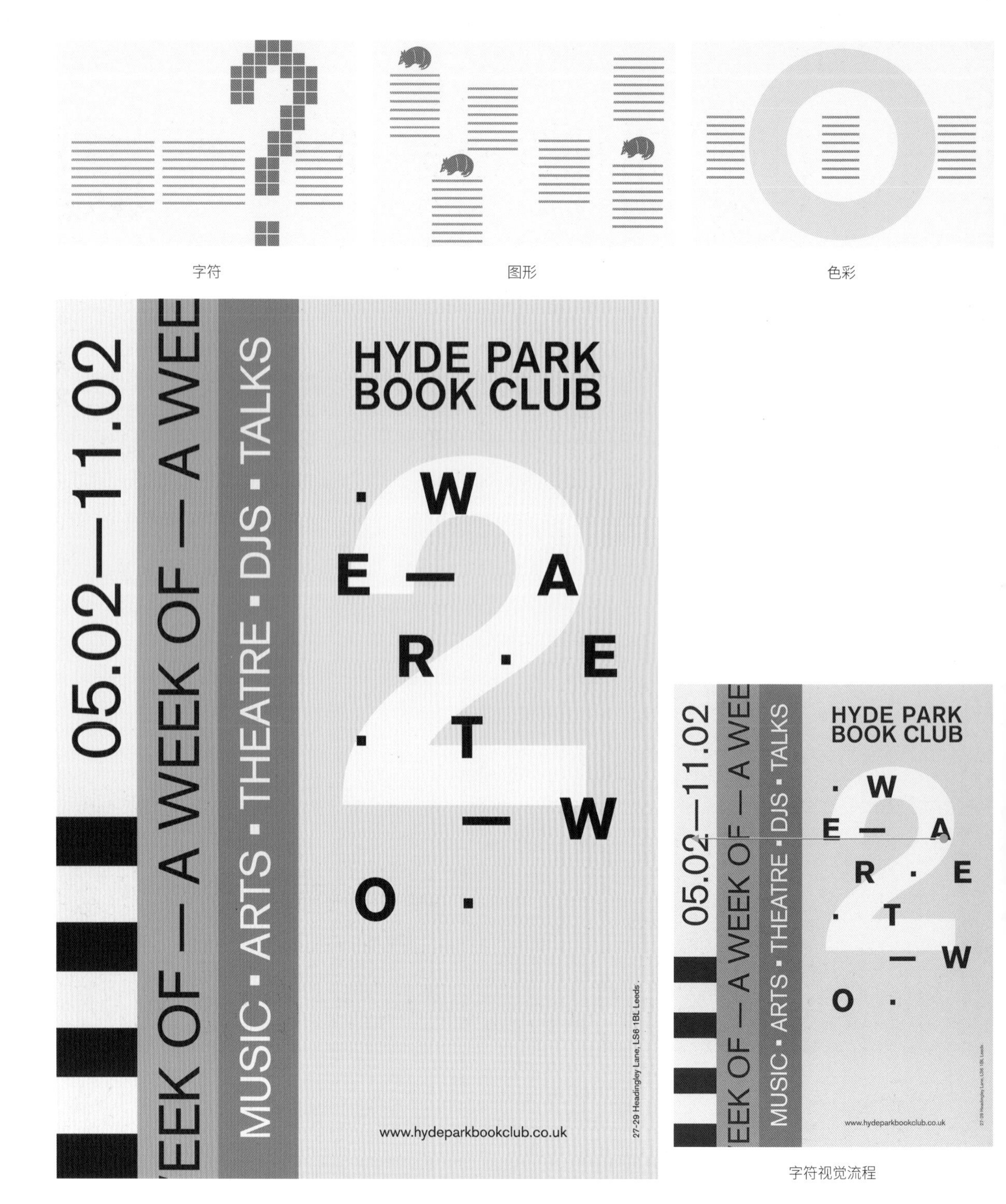

字符　图形　色彩

字符视觉流程

设计：大西隆介

2018.6.30 sat — 9.17 mon
10:00am — 18:00pm

Benches of the Brazilian Indigenous Peoples

ブラジル
先住民の椅子
野生動物と想像力

南米大陸、ブラジル北部のアマゾン河やシングー川流域で暮らす先住民の人びと。
彼らの作る一木造りの椅子は、動物のフォルムや機能的なフォルムに独特な幾何学模様が施されており、ユニークな造形作品として捉えることができます。
元々、先住民にとっての椅子は、日常生活の中で使用したり、シャーマンによる儀式や結婚式等の特別な機会に用いるなど、彼らの生活や伝統、独自の神話と色濃く結びついており、コミュニティ内の文化的・社会的なシンボルでもありました。
それが今日、コミュニティの外との繋がりから刺激を受けて、自らのアイデンティティを自然を捉える眼に求め、用途や伝統に縛られない
より多様かつ自由な表現が生まれてきています。
本展は、ベイ・コレクションによるブラジル先住民の椅子約90点を取り上げ、彼ら独自の感性から生まれた造形に、人間の豊かな想像力の発露を読み取ろうとするものです。

ウルフ作(メイナク)〈オウギワシ〉

制作者未詳(ワイワイ)〈イス〉

ベイ・コレクションについて

ベイ出版は、ブラジル・サンパウロに拠点を持つ美術・建築関連の出版社です。社名のベイ(BEĨ)は、ブラジルの先住民の言葉で「もう少し」という意味を持ち、物事の限界に挑み克服しようとする同社の精神を表しています。同社は、出版事業の一方で15年以上前から先住民の手がける椅子の収集を行ってきました。彼らの活動は、先住民による製作物を単なる標本資料として見るのではなく、ブラジル独自の現代的表現として認め、その造形美について評価・普及することを意図するものです。本展は、同社の持つ300点を超えるコレクションの中から、選りすぐりの作品を展覧する、世界でも初めての機会となります。

建築家・伊東豊雄氏が手掛ける会場構成

世界的建築家の伊東豊雄氏が、旧朝香宮邸とホワイトキューブという対照的な空間を背景に、ブラジル先住民による椅子の野性的なイマジネーションを浮かび上がらせます。

【関連企画】

サマーナイトミュージアム(夜間開館)

7月20日–8月31日までの毎週金曜は、夜21時まで開館します。
レストラン・ショップ等での特典も用意しています。

夜間開館期間 17時以降
学生は無料 & 一般は団体料金

講演会「メイナクの兄弟との出会い」

7月7日(土)14時–15時30分
講師：樋田豊次郎(東京都庭園美術館館長、本展監修者)
会場：新館ギャラリー2　定員：120名
予約・参加費不要／ただし当日有効の本展チケットが必要

ギャラリートーク(いずれも40分程度)

7月27日(金)、8月24日(金)、18時30分–
7月13日(金)、9月7日(金)、15時–
展覧会の見どころをご紹介します。
予約・参加費不要／ただし当日有効の本展チケットが必要

※各企画の詳細については、当館ウェブサイト等でご確認ください。
また、この他のイベントやプログラムも随時追加される予定です。

制作者未詳(カラジャ)〈イス〉

マワヤ作(メイナク)〈サル〉

入館料

一般：1200(960)円
大学生(専修・各種専門学校含む)：960(760)円
中・高校生・65歳以上：600(480)円

Admission

Adults: ¥1,200(¥960)
College and vocational students: ¥960(¥760)
Junior high and high school students: ¥600(¥480)
Senior(65 and over): ¥600(¥480)

小学生以下および都内在住在学の中学生は無料。
身体障害者手帳・愛の手帳・療育手帳・精神障害者保健福祉手帳・被爆者健康手帳をお持ちの方とその介護者1名は無料。
教育活動として教師が引率する都内の小中高校生および教師は無料(事前申請が必要)。
第3水曜日(シルバーデー)は65歳以上の方は無料。
前売り券 e+(イープラス) http://eplus.jp にて販売いたします。

*The fees shown in parentheses are for groups(20 people or more) and for pre-purchased tickets(available online from e+:http://eplus.jp)
*Admission is free for elementary and younger students and for middle school students residing in or attending school in Tokyo.
*Admission is free for visitors (and one accompanying person) with a Physical Disability Certificate, Intellectual Disability Certificate, Rehabilitation Certificate, Mental Disability Certificate, or Atomic Bomb Survivor's Certificate.
*Admission is free for seniors (65 and above) on the third Wednesday of each month.

主催：公益財団法人東京都歴史文化財団 東京都庭園美術館、日本経済新聞社
特別協力：ベイ出版　後援：駐日ブラジル大使館
年間協賛：戸田建設株式会社

〒108-0071 東京都港区白金台5-21-9
お問合せ先：03-5777-8600(ハローダイヤル)
5-21-9, Shirokanedai, Minato-ku, Tokyo
Nearest station Meguro and Shirokanedai　Tel +81(0)3 5777 8600

制作者未詳(カヤビ)〈バク〉

東京都庭園美術館
白金台駅 1番出口

最寄駅［目黒駅］JR山手線東口／東急目黒線正面口より徒歩7分
［白金台駅］都営三田線／東京メトロ南北線1番出口より徒歩6分
※エレベーターご利用の場合は2番出口。2番出口より徒歩8分

TOKYO METROPOLITAN TEIEN ART MUSEUM
東京都庭園美術館　www.teien-art-museum.ne.jp

图形视觉流程

2018.6.30 sat — 9.17 mon
10:00am — 18:00pm
Benches of the Brazilian Indigenous Peoples
ブラジル
先住民の椅子
野生動物と想像力
東京都庭園美術館

设计：Sergey Skip

色彩视觉流程

中心点视觉流程

人们在观看任何对象的时候都会下意识地寻找聚焦点，而在有限的版面中因为视觉的生理特性，版面中心点的位置是最容易引起观看者关注的点。所以以中心点为视觉流程焦点去展开设计，理论上是最聚焦的。

为了能更好地烘托主体，可以采用增大图形的面积、加强图形和周围背景的对比关系等手法。

中心点

中心点视觉流程

设计：Carolina Domingues, Gonçalo Silva, Maria Rosa

散点视觉流程

将各种版面元素通过整理后，作非规律性散状排列，也能形成视觉流程。散点视觉分为无序散点视觉和有序散点视觉。无序散点在以自由和轻快为设计目的的版面中会经常使用到，有序散点多用于图文信息体量大并强调统一、清晰的版面编排中。

无序散点　　有序散点

无序散点视觉流程

设计：Greta Thorkels

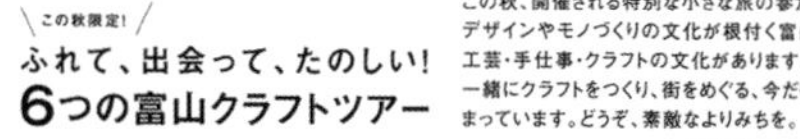

この秋、開催される特別な小さな旅の参加者を募集中！
デザインやモノづくりの文化が根付く富山県には、暮らしを豊かにする、工芸・手仕事・クラフトの文化があります。それらの職人の工房を見学し、一緒にクラフトをつくり、街をめぐる、今だけの特別な小さな旅が、あなたをまっています。どうぞ、素敵なよりみちを。

ツアーの詳細や申込は、手ざわりの秋2015オフィシャルサイトへ。
旅の途中に、富山のクラフトを楽しめるグルメスポットや地域イベント情報も発信中。
www.tezawari.jp

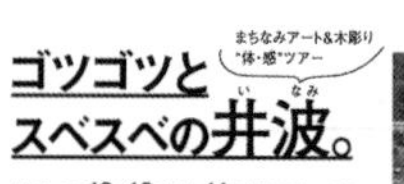

出発日 10月10日(土)・11日(日) 10:30～16:30
旅行代金 お一人様 6,000円(税込)
最少催行人員 2名(定員20名まで)

瑞泉寺の門前町として栄えてきた井波。その瑞泉寺本堂を再建する際、京都本願寺より派遣され御用彫刻師が、井波の宮大工4人に彫刻の技法を教えたことが、井波彫刻の始まり。町には全国から集まってきた150人ほどの彫刻師がおり、その作業風景は瑞泉寺につながる石畳の八日町通りを歩きながら見ることができます。

ツアー内容
井波交通広場観光案内所 集合
加茂蕃山彫刻工房
井波彫刻総合会館 木彫りの里創遊館
まちなみアート巡り
井波交通広場観光案内所 解散

ガリガリでツルツルに、井波彫刻の名門の技。
3代目が創案した遠彫刻の大作を手がけ、全国各地の神社仏閣や在家などに納めている、井波欄間の開祖として知られる井波彫刻の名門・加茂家の工房を訪れます。

ワクワクでグイグイな木彫刻体験。
井波の彫刻師に直接教わりながら、好みの木型をノミで彫り上げて、自分だけの木彫作品を削り上げていく木彫刻体験を楽しめます。

加茂 蕃山さん

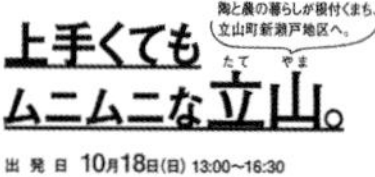

出発日 10月18日(日) 13:00～16:30
旅行代金 お一人様 5,500円(税込)
最少催行人員 5名(定員15名まで)

新瀬戸地区は、古くより良質な陶土が採取できることから、越中国を代表する焼き物の産地として発展してきました。420年以上の歴史を持つ焼き物「越中瀬戸焼」は現在、同地区の4窯元、5人の陶芸家たちが伝統を踏まえながら個性ある陶器づくりに励んでいます。農業と陶器・瓦づくりの農業の暮らしが育む「半陶半農」の文化が息づくまちへぜひ。

ツアー内容
越中陶の里・陶農館 集合
越中瀬戸焼体験教室
ミニ茶会
新瀬戸地区散策
庄楽窯・ギャラリー見学
越中陶の里・陶農館 解散

420年以上の歴史を持つ焼き物「越中瀬戸焼」
富山県内で稼働する窯の中でも最も大きいとされる登り窯のある「庄楽窯」があり、年に1、2度窯入れが行われています。

ウフフとタタラの皿づくり
今回のツアーでは、越中瀬戸焼「四郎八窯」の加藤聡明氏が初心者でも簡単な「タタラ成形による平皿づくり教室」を開催します。

釋永 陽さん

1976年、庄楽窯を継承する釋永由紀夫氏の長女として、立山町で生まれる。曾祖父から続く窯元の三代目として、地元の風土が育んだ素材を活かした生活の中で大切に使われる器づくりを目指す。

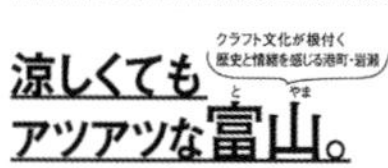

出発日 11月7日(土) 11:00～14:00頃
旅行代金 お一人様 8,800円(税込)
最少催行人員 2名(定員10名まで)

江戸時代末期から明治にかけて、日本海を行き来する北前船の一大寄港地として栄えた港町・岩瀬地区。旧家や土蔵群など、当時の繁栄が色濃く残る町並みや建物を次代へと残すべく、再生プロジェクトにより見事に補修。現在は、レストラン、酒屋、ガラス・陶芸工房が土蔵群の中に入り、若手作家が集まっています。

ツアー内容
北前船廻船問屋森家 集合
Taizo Glass Studio
木彫岩崎
ガラス工房見学
酒商 田尻本店
カーヴ・ユノキ(昼食)
解散

土蔵の中で作られる美しいガラスの世界。
土蔵群のなかにある安田さんの工房。気泡やレース模様の入ったガラスが特徴的な作品と、その現場を間近で見ることができる。

出会いにあふれる、工房巡り。
木彫作家・岩崎努氏の工房・ギャラリー「木彫 岩崎」。すべて一木彫りで仕上げられる作品は、植物や人物をモチーフにしたものが多くどれも本物と見間違うかのような精密さ。

安田 泰三さん

1972年、神戸市生まれ。富山ガラス造形研究所造形科を第1期生として卒業。富山ガラス工房勤務を経て97年、岩瀬の地で自身の工房「Taizo Glass Studio」を設立する。

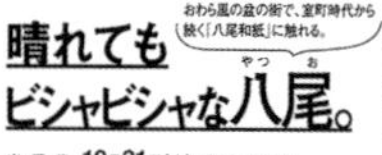

出発日 10月31日(土) 10:10～15:00
旅行代金 お一人様 6,000円(税込)
最少催行人員 2名(定員12名まで)

「おわら風の盆」で知られる八尾町。日本の道100選にも選出されている諏訪町通りや商店の並ぶ上新町通りなど小さな町をのんびりと歩けば、お店の暖簾や和菓子の包み紙などさまざまなところで「桂樹舎」の仕事を見かけます。型染めの美しさの中に温もりが引き立っています。町民文化が息づく風情ある町を、巡ってみませんか。

ツアー内容
JR越中八尾駅または桂樹舎集合
桂樹舎(見学・紙漉き体験)
山元食堂(昼食)
吉田さんと八尾のまちめぐり
JR越中八尾駅または桂樹舎解散

手仕事の美しさや温かさから、民藝の香りが漂う
手漉き和紙に型染めを施すことで、さらなる価値を生む「桂樹舎」の仕事。和紙漉きから型染め、加工まで、工房で一貫生産が行われています。

わずかな原料で、一枚の紙が出来上がる
職人たちがやるのと同じ手法で、楮やトロロアオイなど昔ながらの原料を使って、和紙漉き体験ができます。

案内人
吉田泰樹さん

大学卒業後、父親の桂介氏と親交の深かった芹沢銈介氏が主宰する「芹沢工房」にて型染めを学ぶ。25歳で「桂樹舎」の仕事をはじめ、現在は社長として現場管理や新商品開発に取り組んでいる。

風情あふれる越中の小京都で、絹に出会う。
ピカピカで
ゴワゴワの城端。

出発日 11月14日(土) 11:15～16:00
旅行代金 お一人様 5,000円(税込)
最少催行人員 4名(定員15名まで)

天正5年(1577)頃から始まったとされる城端の絹織物。作家・柳田國男の紀行文にも「城端は機の声の町なり」と書かれるほど、最盛期には町のあちらこちらから機織りの音が聞こえたといわれています。大通りから小路へ入っていくと、かつては絹を扱うお店が数多く建ち並んでいた坡場の坂や、渡り廊下のある絹織工場などがあります。

ツアー内容
JR城端駅前 集合
善徳寺山門前
和服にて昼食
坡場の坂
松井機業
じょうはな織館
小路めぐり 和菓子店立ち寄り
JR城端駅前解散

しけ絹を一からつくる、全国唯一の工場。
しけ絹を明治10年から織り続けているのが、「松井機業」。織りから染色、和紙との貼り合わせまで全工程を一貫生産しているのは、全国でここだけ。

モコモコをパタパタと、絹織り体験。
煉瓦造りのレトロモダンな建物で、初心者向けの卓上機を使って、絹を使ったコースターづくりを体験。絹糸と横糸の色を選ぶ楽しさや、絹糸100%を織る喜びを感じられます。

松井 紀子さん

1984年、南砺市城端生まれ。大学卒業後、東京で証券会社に勤めるも、25歳の時に上京した父とともに客先を回ったことを機に、2007年にUターン。家業を継ぎ、現在に至る。

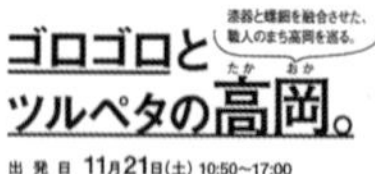

出発日 11月21日(土) 10:50～17:00
旅行代金 お一人様 10,000円(税込)
最少催行人員 2名(定員10名まで)

江戸時代末期に富山城主が京都より職人を招き、富山に螺鈿が伝えられました。明治時代になって高岡漆器の職人がその技術を取り入れるようになり、青貝塗りの技術が高岡に浸透します。現在も高岡は、国宝瑞龍寺に代表される歴史的建造物が数多く、漆工や鋳物の技術が脈々と受け継がれています。

ツアー内容
JR新高岡駅(北口)集合
武蔵川工房(見学)
山町茶屋(昼食)
HAN BUN KO(螺鈿体験)
高岡御車山会館(見学)
漆器くにもと(買いもの)
高岡大仏(見学)
JR新高岡駅(北口)到着

ピカピカ天然青貝からできる、精密な仕事に触れる。
市内に5軒しかない高岡螺鈿を、家族とともに守り伝える「武蔵川工房」。0.1mm～0.07mmの薄さまで削った青貝を膠で貼り、美しい絵柄を作る工房を見学します。

漆にベタベタ、暮らしのモノづくり。
土蔵造りの町並みが続く山町筋にある町家で、螺鈿細工を体験。おにぎり型の弁当箱か手鏡に、薄く切ったアワビの貝を貼り付けます。

武蔵川剛嗣さん

1981年生まれ。石川県立輪島漆芸研修所普通科(蒔絵)卒業。08年高岡クラフトコンペ入選、14年富山県伝統的工芸品コンクール富山県知事賞受賞、15年経済産業大臣指定の伝統工芸士に認定。

有序散点视觉流程

双栏网格

设计：Matsui Shigeru

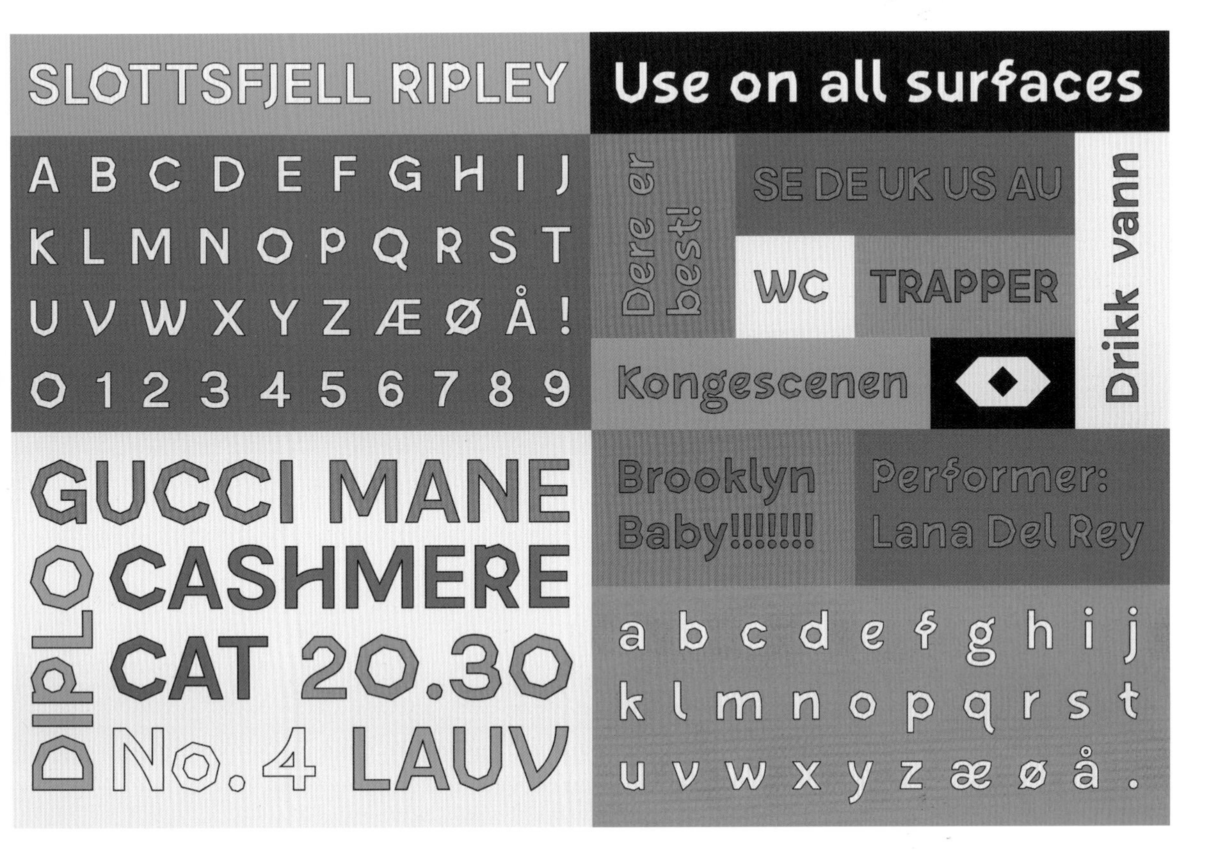

有序散点视觉流程

层级网格

设计：Nicklas Haslestad, Even Suseg, Sunniva Grolid, Vetle Berre, Sindre Setran

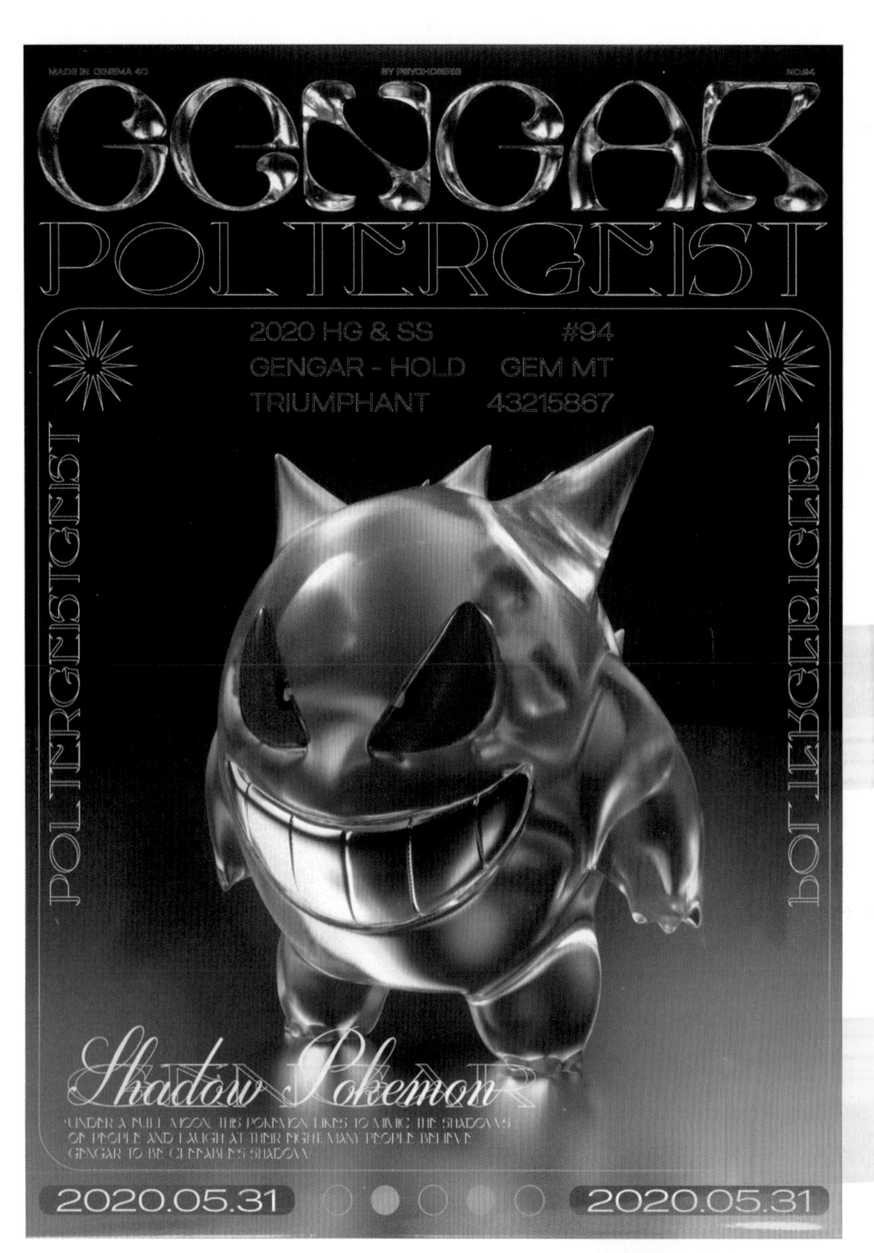

设计：Chow Zheng Kai

中心点视觉流程

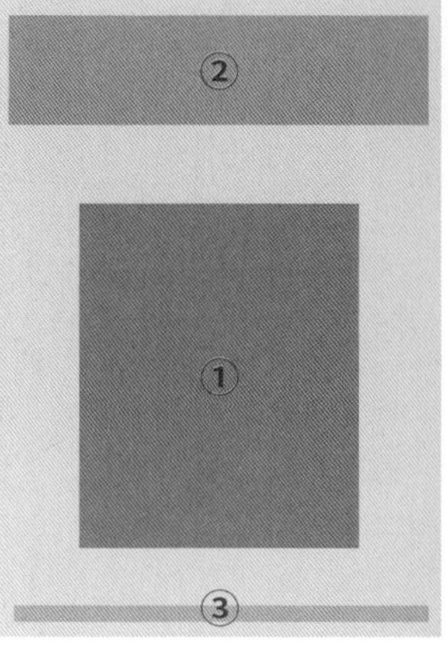

视觉层级

设计：Chow Zheng Kai

中心点视觉流程

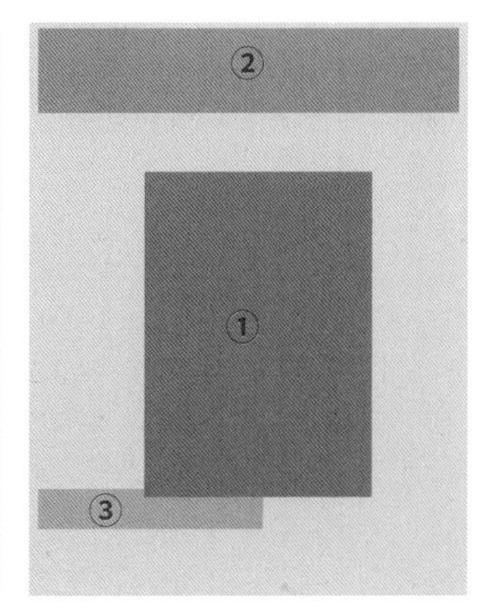

视觉层级

设计：Mikhail Boldyrev

字符、无序散点视觉流程

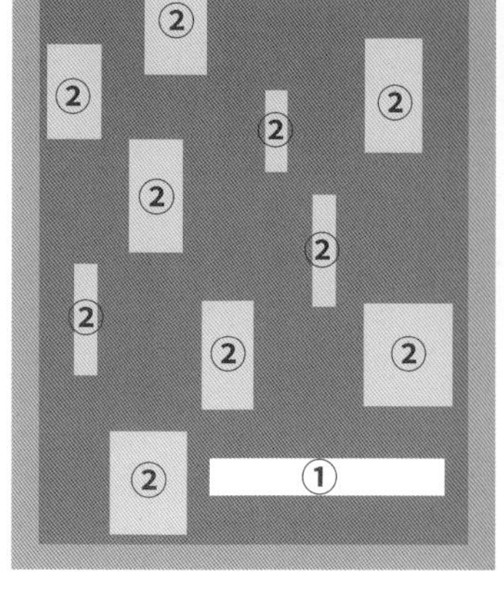

视觉层级

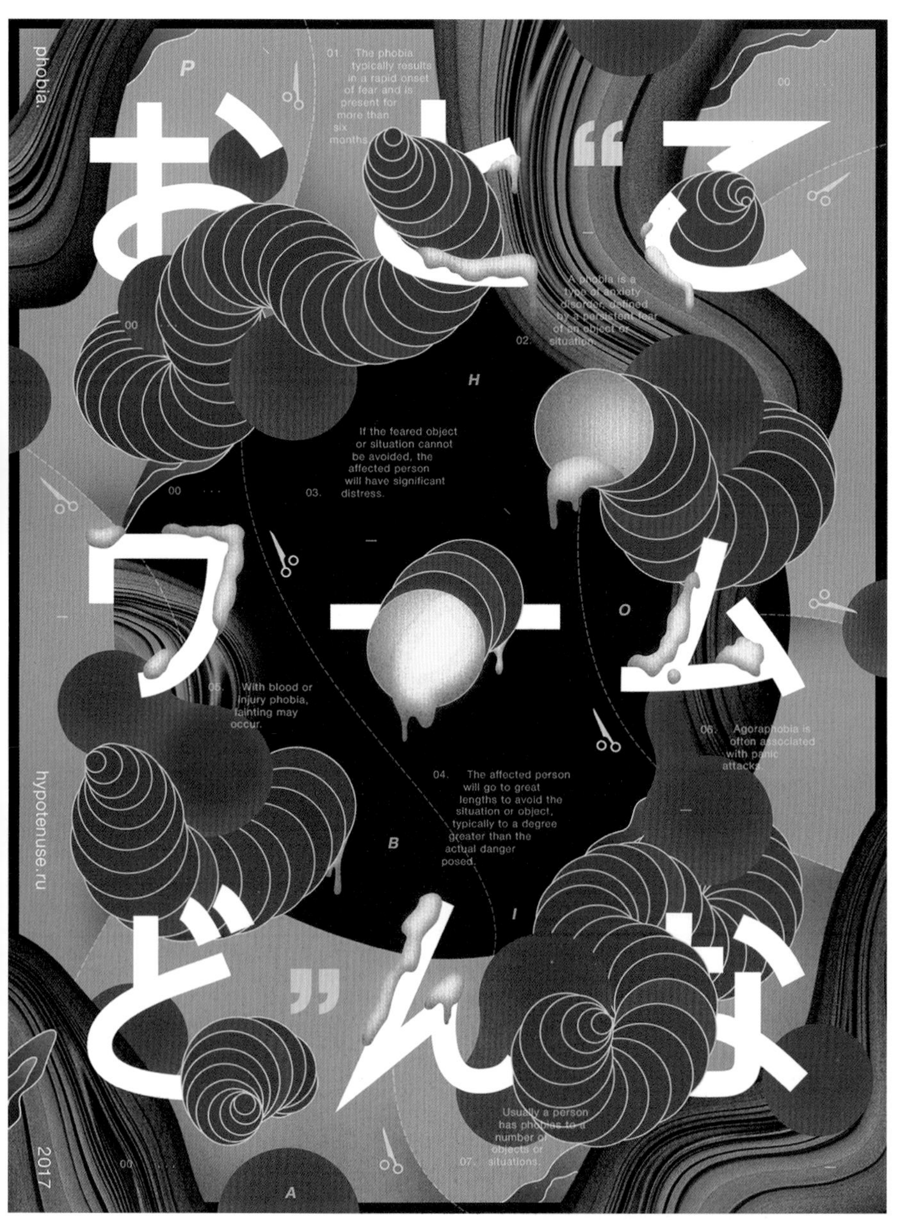

设计：Mikhail Boldyrev

字符、有序散点视觉流程

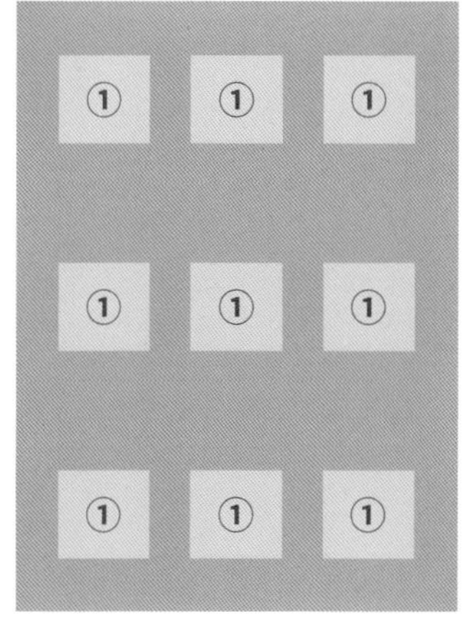

视觉层级

设计：Mikhail Boldyrev

字符视觉流程

视觉层级

设计：Mikhail Boldyrev

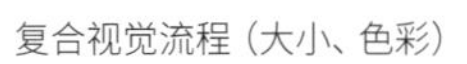

复合视觉流程（大小、色彩）

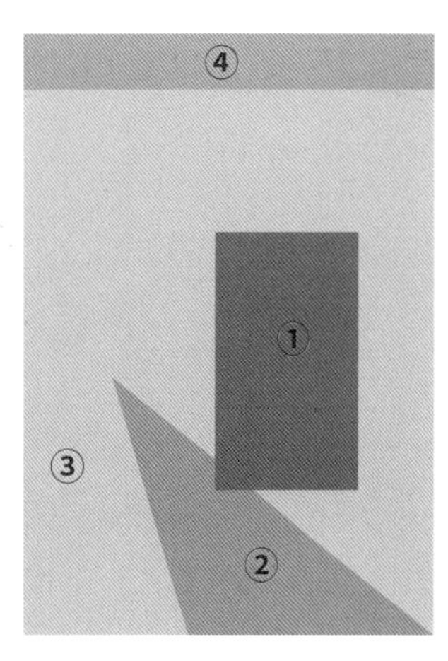

视觉层级

在这批作品中，符号性的视觉元素应用得非常丰富，通过点、线、面、色彩、肌理、文字等的构成运用，给观者构建丰富的视觉体验。

“蓝色音符”系列唱片海报与唱片封面

由 16 位艺术家组成，涵盖了 16 张古典爵士乐唱片。设计师为此设计了针对性的标识和每首歌曲的抽象符号，这些视觉语言被应用到海报及封面上。

设计：Jay Vaz

FT. ROCCO PALLADINO & CHARLIE STACEY
Yussef Dayes
SUMMER TOUR DATES 2019

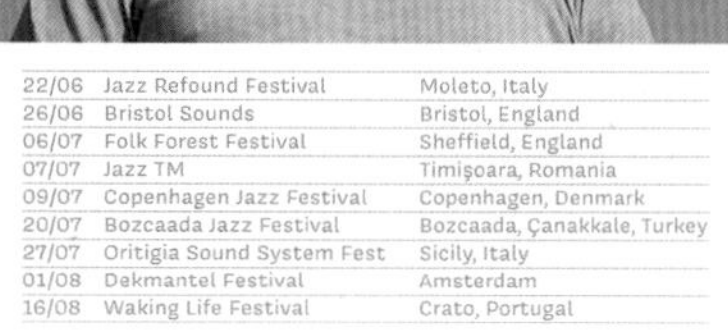
22/06 Jazz Refound Festival Moleto, Italy
26/06 Bristol Sounds Bristol, England
06/07 Folk Forest Festival Sheffield, England
07/07 Jazz TM Timişoara, Romania
09/07 Copenhagen Jazz Festival Copenhagen, Denmark
20/07 Bozcaada Jazz Festival Bozcaada, Çanakkale, Turkey
27/07 Oritigia Sound System Fest Sicily, Italy
01/08 Dekmantel Festival Amsterdam
16/08 Waking Life Festival Crato, Portugal

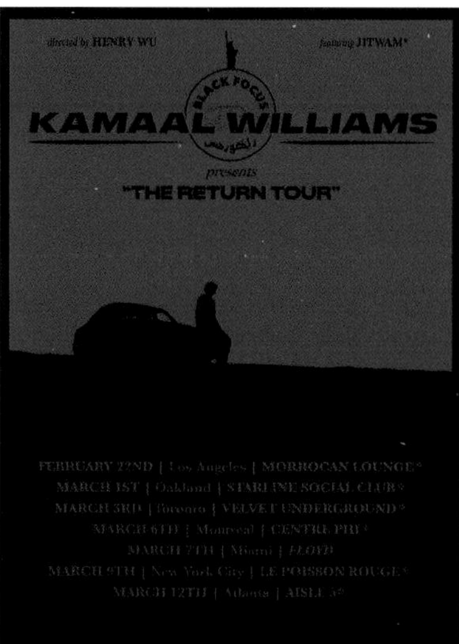
directed by HENRY WU
featuring JITWAM
BLACK FOCUS
KAMAAL WILLIAMS
presents
"THE RETURN TOUR"
FEBRUARY 22ND | Los Angeles | MORROCAN LOUNGE
MARCH 1ST | Oakland | STARLINE SOCIAL CLUB
MARCH 3RD | Toronto | VELVET UNDERGROUND
MARCH 6TH | Montreal | CENTRE PHI
MARCH 7TH | Miami | FLORD
MARCH 9TH | New York City | LE POISSON ROUGE
MARCH 12TH | Atlanta | AISLE 5

緩いフィットレコード
18·08·17 (金)
LOOSE FIT TOKYO SHOWCASE
CIRCUS, Tokyo • Shibuya
O'Flynn (Ninja Tune)
Jordan (Turbo Recordings)
Red Verse (Loose Fit)
Romy Mats (N.O.S.)
XJB

OSCAR JEROME
AT VILLAGE UNDERGROUND
SEPTEMBER 25TH 2018
KWALU
LOUIS VI
ALEX RITA
54 HOLYWELL LANE, EC2A 3PQ LONDON · UNITED KINGDOM
(7:30 – LATE)

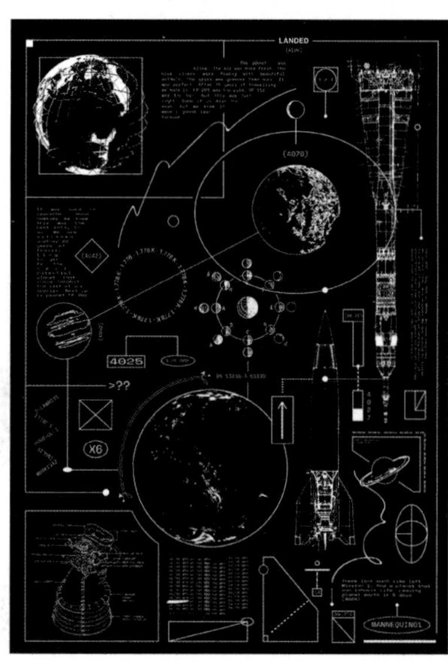
LANDED
4025
>??
X6

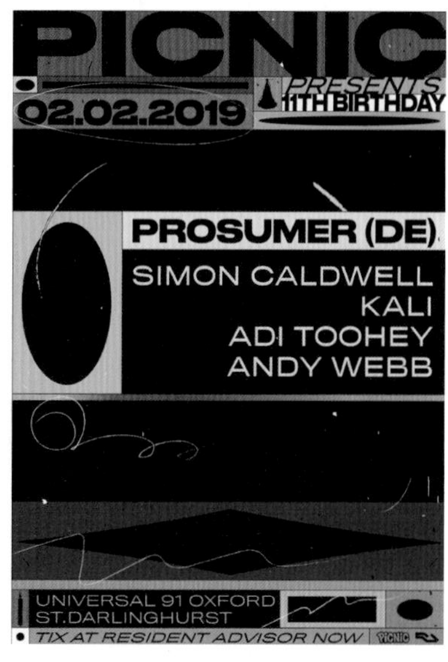
PICNIC
02.02.2019
PRESENTS
11TH BIRTHDAY
PROSUMER (DE)
SIMON CALDWELL
KALI
ADI TOOHEY
ANDY WEBB
UNIVERSAL 91 OXFORD
ST.DARLINGHURST
TIX AT RESIDENT ADVISOR NOW

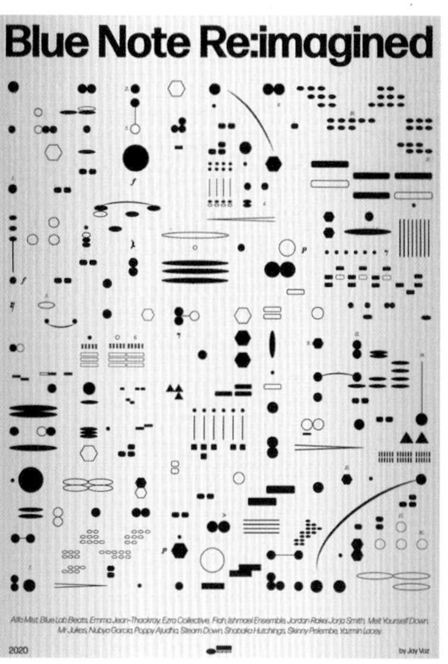
Blue Note Re:imagined
2020
by Jay Voz

300AD
∞ the FIRST...
droplet connected
with me the most.
this
energy, opened
colour, a new
chapter, a new
life.
hydration
CHAPTER VI: HE OPENED HIS EYES.

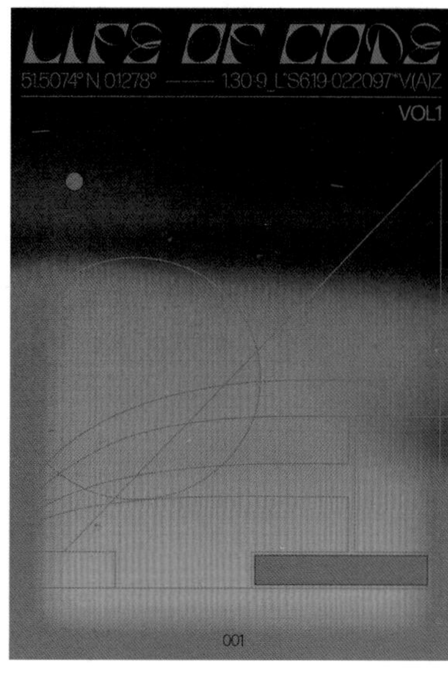
LIFE OF CODE
51.5074° N, 0.1278°
VOL1
001

GEORGE RILEY
HERSTORY

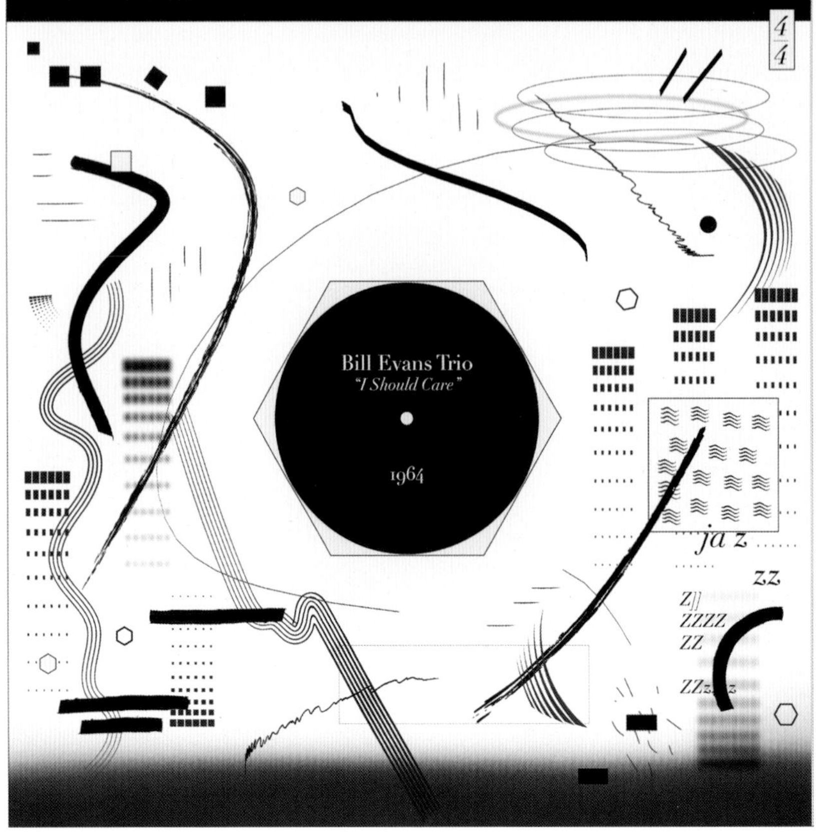
4
4
Bill Evans Trio
"I Should Care"
1964
ja z
zz
ZZZZ
ZZ

PHAROAH PEPI II
ANKHESENPEPI III - NEITH - IPUT II
(VINEGAR*)

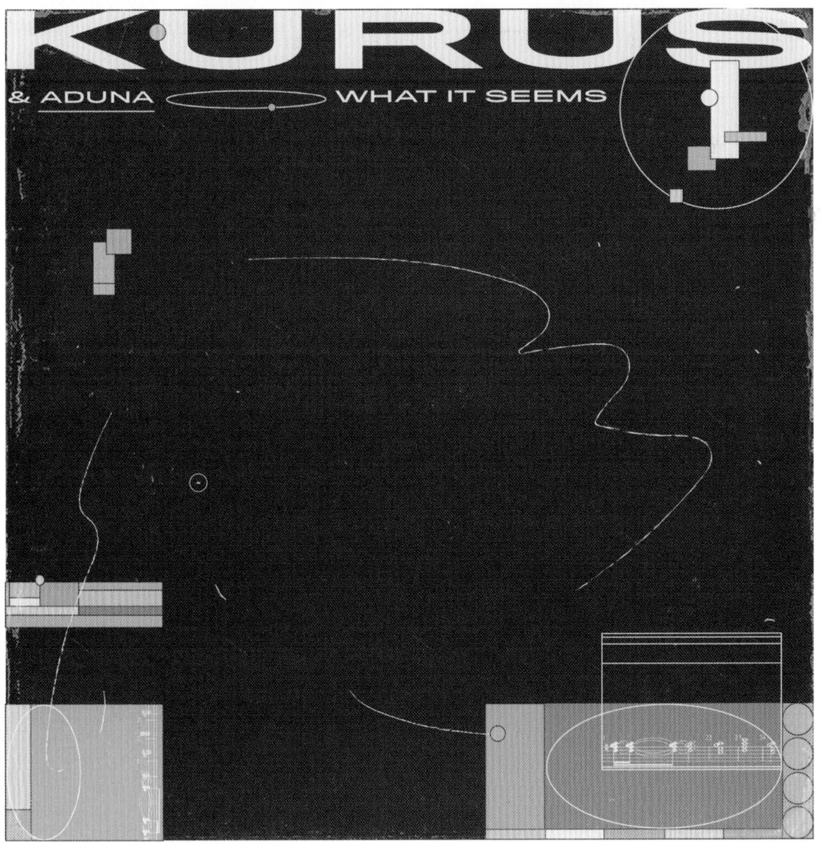
KURUS
& ADUNA
WHAT IT SEEMS

封面设计利用图片和文字重复排列构建出三维的运动连续性。

《快速静态运动》画册

这是一本表达“时间”和“运动”的摄影集，灵感来自作者的一次旅行。所有的照片都是他在沿途游走时用 iPhone 拍的。所有的图像都是自然模糊的，以代表时间的流动和持续的运动，影响着我们的生活。

为什么叫“快速静态运动”？因为摄影是唯一能够阻止时间无限流动的方式，捕捉一个瞬间，让它永远存在。

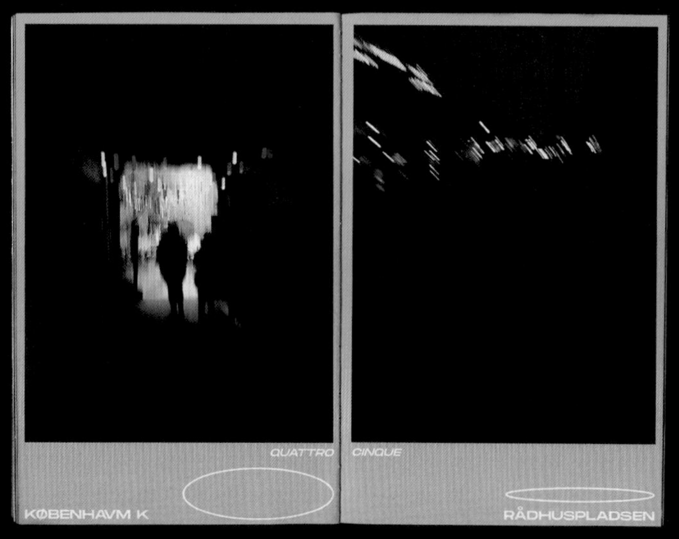

作为一本摄影集，图片是最重要的视觉元素。设计师在排版时以图片为焦点，以大小、位置、色彩对比的方式进行视觉流程编排。

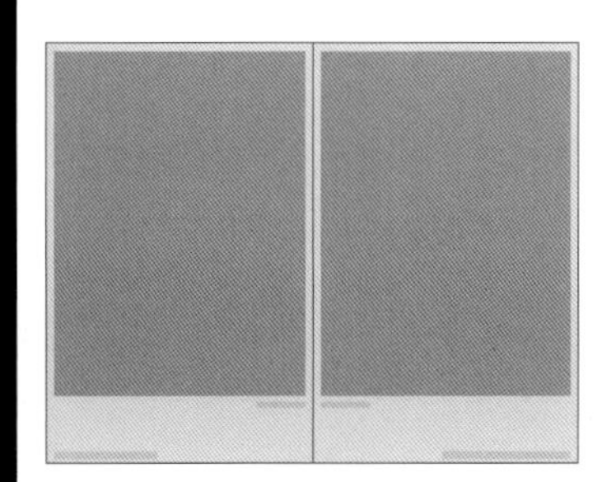

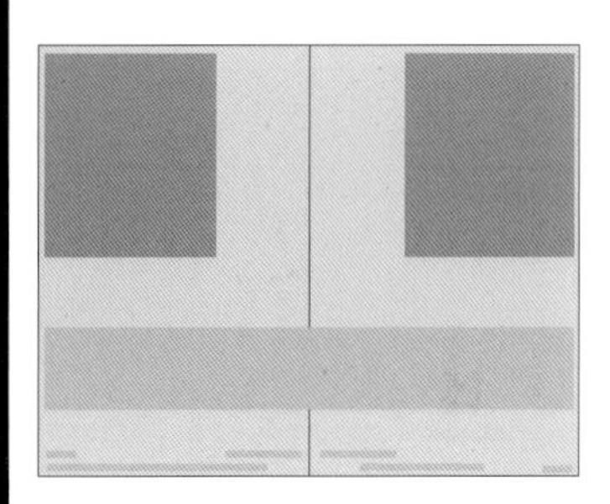

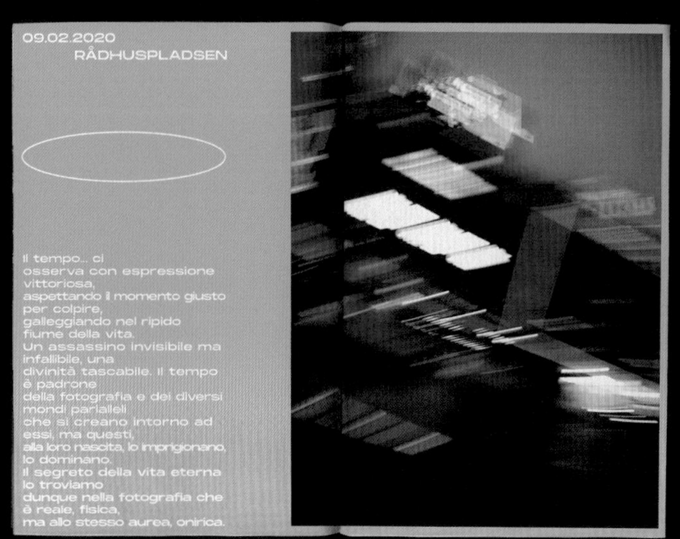

设计 : Cristiano Cola

爽やかな酸味のレモンラスクとザクザクとした食感の
三種類のクランチを贅沢にコーティングした
レモンクランチラスクの御詰め合わせです。
夏ならではのお味をお楽しみください。
レモンのバウムクーヘン
レモンラスクBOX
本体価格 ¥500（税込¥540）
内容量：
レモンラスク×5枚
レモンクランチラスク×2枚
本体価格 ¥1,350（税込¥1,458）
商品サイズ：直径約14.5cm 高さ約4cm
治一郎ならではのしっとりとした
レモン風味の生地は爽やかな夏らしい味わい。
さっぱりとした酸味のレモングレーズも加わり、
夏に嬉しいバウムクーヘンです。
レモンギフト
本体価格 ¥850（税込¥918）
内容量：
治一郎のバウムクーヘンカット×1袋
レモンのバウムクーヘンカット×1袋
レモンラスク×3枚
レモンクランチラスク×1枚
治一郎定番のバウムクーヘンカットと
季節限定のレモンのお品物を
詰め合わせました。
お手土産や贈り物にも最適です。

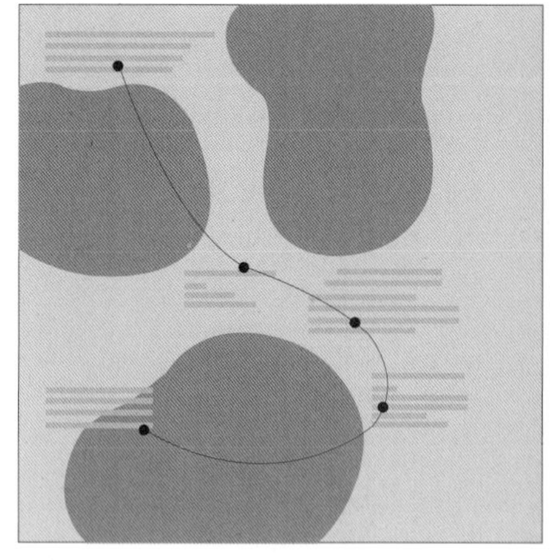

散点的视觉流程

Baumkuchen
Rusk
レモンのサマースイーツ
日差しや風が熱を帯び夏の到来を感じます。
空の青さや湧き立つ雲の白さ、茂る草花。
色鮮やかな夏の日々をどうぞ健やかにお過ごしください。
大切な方とのひと時に治一郎のお菓子が
縁となりますよう願いを込めて。

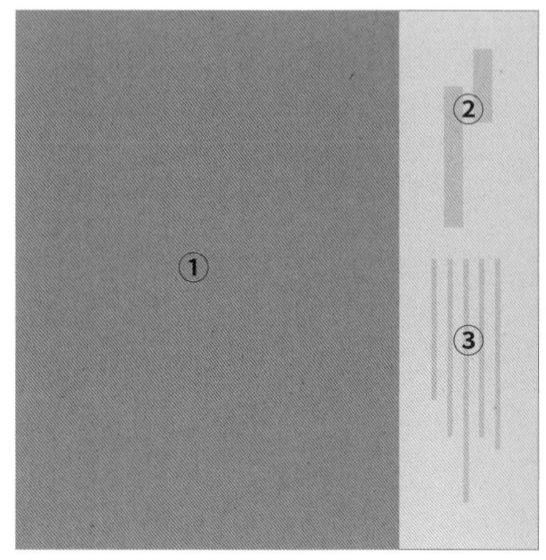

通过面积占比大小构建视觉层级

柠檬甜点宣传单

以手绘插图和产品摄影图片为主视觉，通过巧妙的图文排版，营造出一种清爽美味的视觉体验。

设计：Taki Uesugi, Saki Uesugi

http://www.jiichiro.com
レモンの
サマースイーツ 2018
治一郎

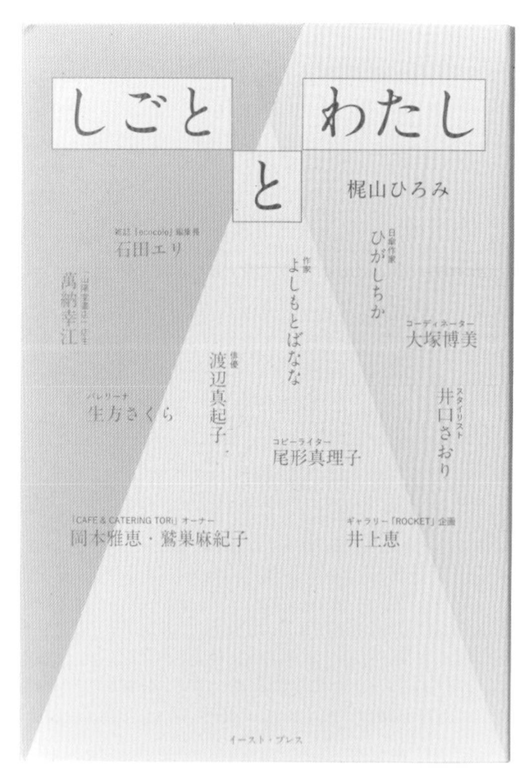

《工作与我》封面

设计：田部井美奈

《不被情绪左右的 28 个训练》封面

设计：冈本健

《广告界就业之书》宣传品

设计：松永美春 , Kazutoshi Miantomura, Inami Sakurai

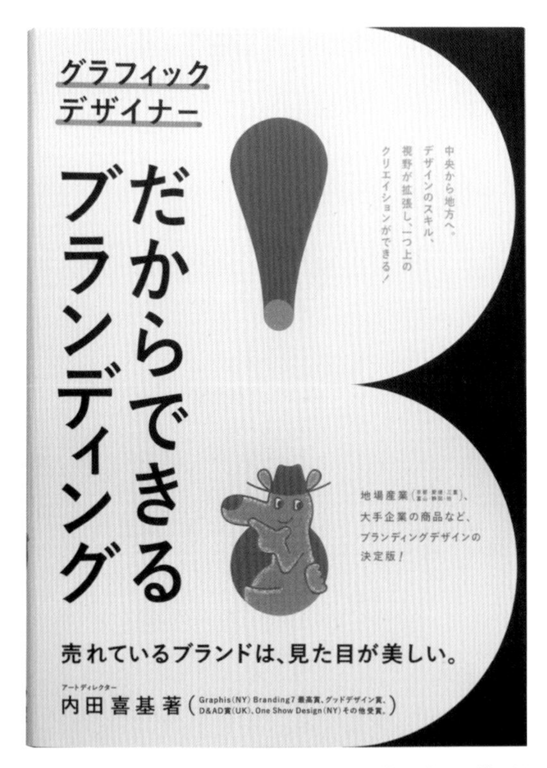

《正因为是平面设计师，才能做出这样的品牌设计》封面

设计 : 内田喜基 , Kaho Hosokawa, Mayumi Nakamura

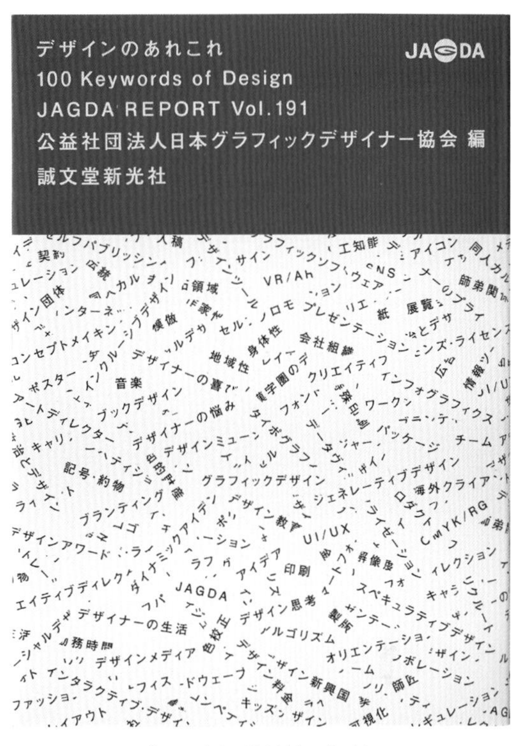

《100 个设计关键词》封面

设计 : 冈本健 , 山中桃子

《久野恵一与民艺的 45 年日本手工艺之旅 》封面

设计 : 关宙明

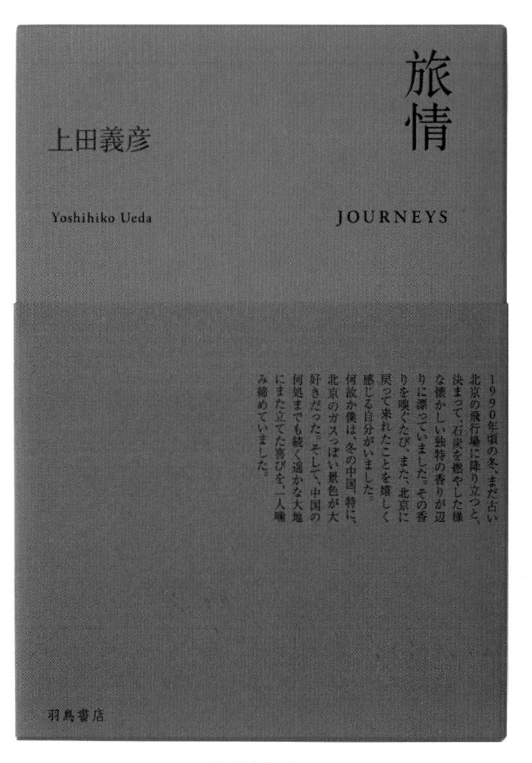

《旅情》封面

设计 : 原研哉 , 大桥香菜子

《味噌汤食谱》封面

设计：关宙明

《配菜烹饪书》封面

设计：关宙明

《Yocchi 之书①》封面

设计：冈本健

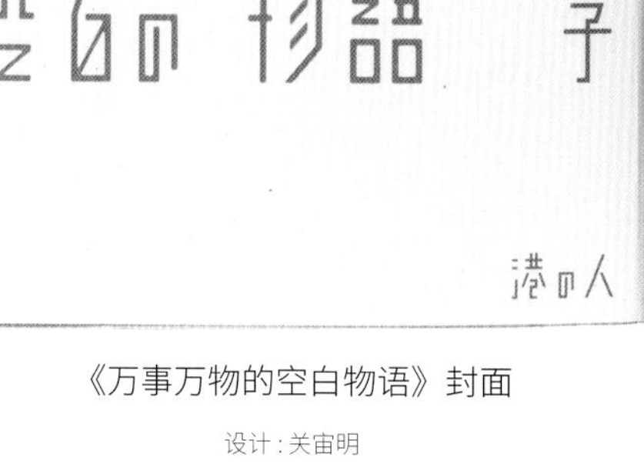

《万事万物的空白物语》封面

设计：关宙明

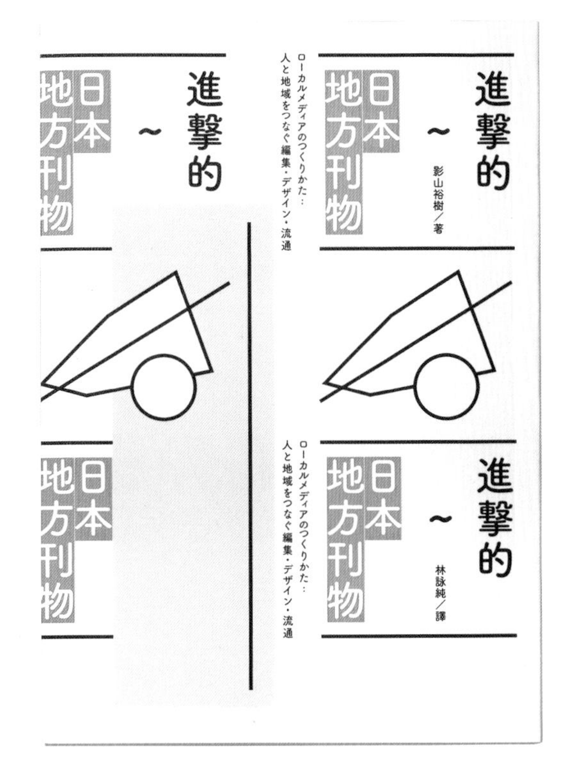

《进击的日本地方刊物》封面

设计 : Yeh, Chung-Yi

《被从“几乎不存在”的角度看待的社会话题》封面

设计 : Akiko Numto

《石纸 》封面

设计 : Hiroyuki Kitamoto

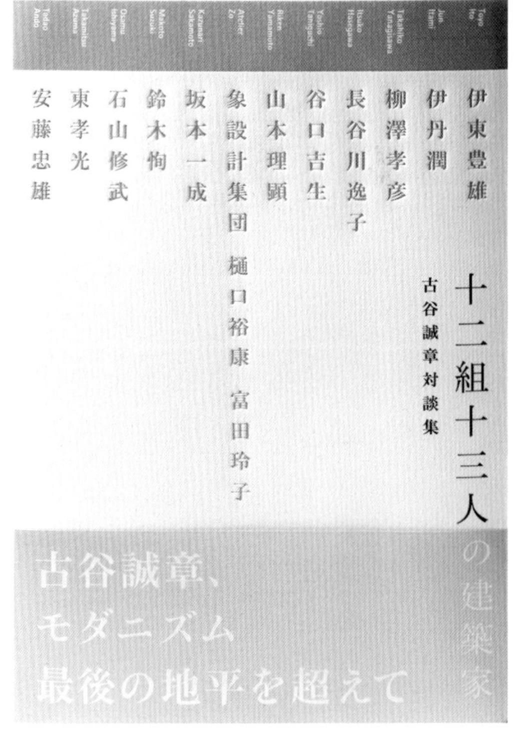

《十二组十三人的建筑师》封面

设计 : 中野豪雄 , 川濑亚美

Baboon 箱包宣传海报

Baboon 是面向新一代旅行者的箱包品牌，需要一个灵活、充满怪异又惊喜的视觉形象。

设计：Ryan Haskins, Matteo Giuseppe Pani, Chen Yu

怪异形象符号和色彩是最易引起观者视觉关注的元素，设计师充分利用这一点。整组宣传海报设计简洁，通过色彩构建视觉层级。

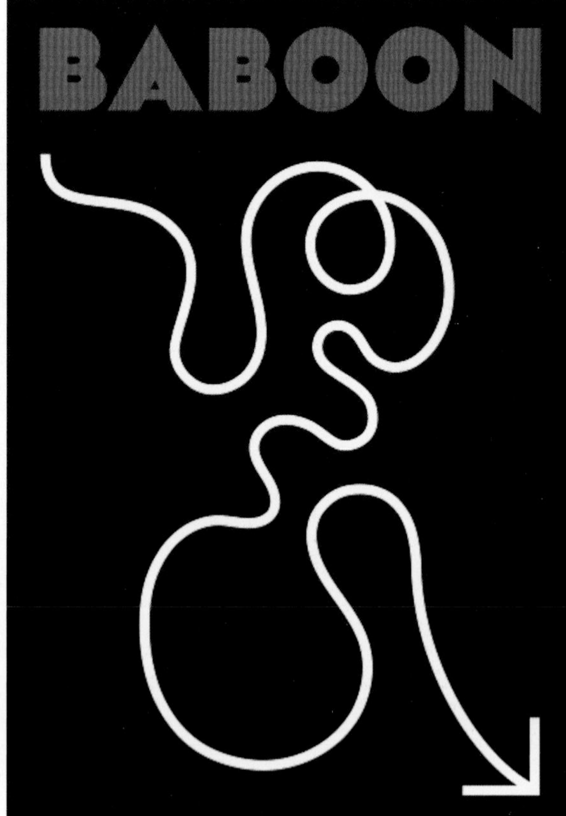
BABOON

live life like a burger with everything on top

GO
ANYWHERE

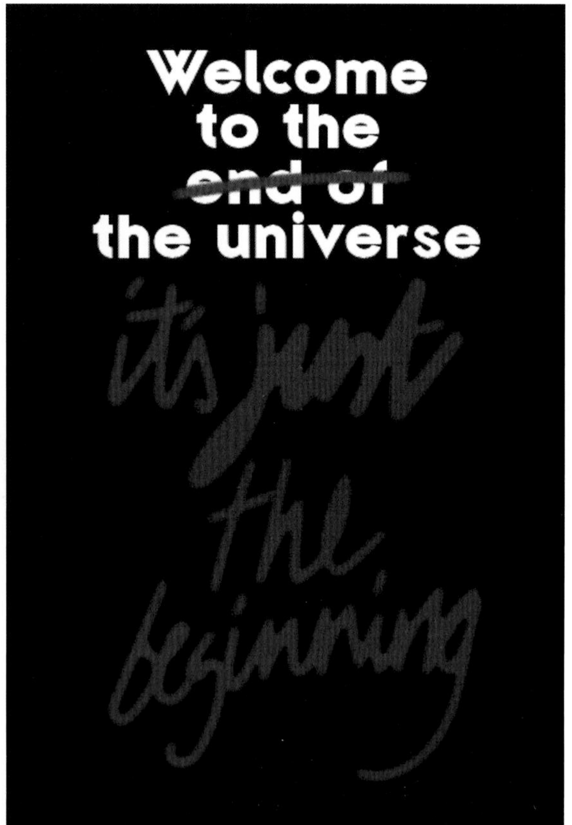
Welcome
to the
end of
the universe
it's just
the
beginning

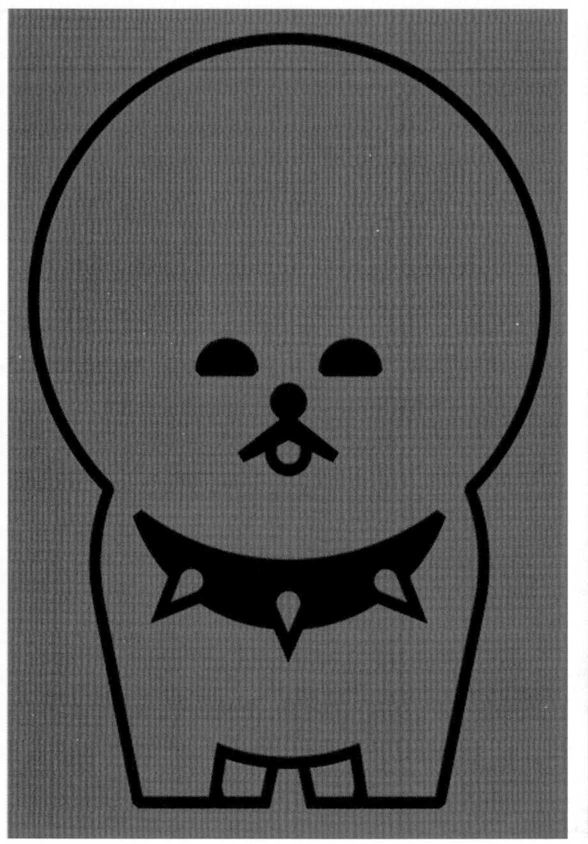

WILD
MINDS
WILD
MINDS
WILD
MINDS
go
places

Anonima Dayori 手册封面

这是每个季度出版一次的图书指南手册，版面设计以插图为主。因为是连续出版物，每期的大标题都在固定的位置。

设计：关宙明

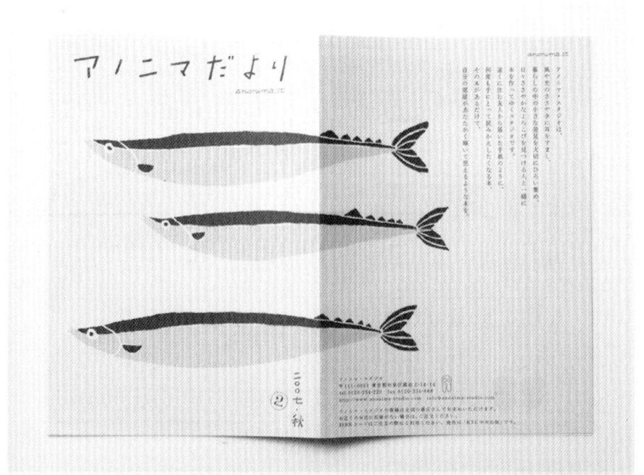

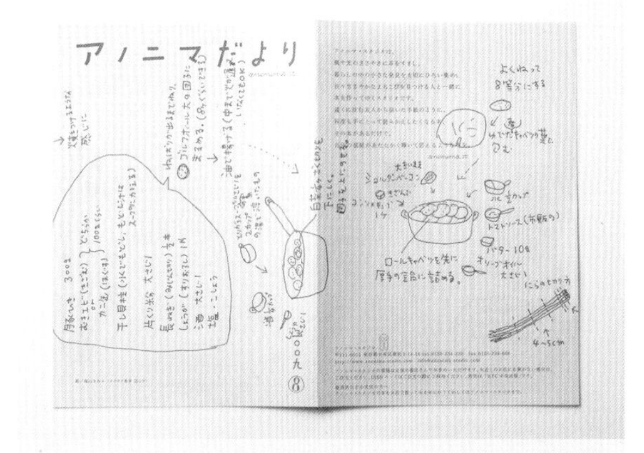

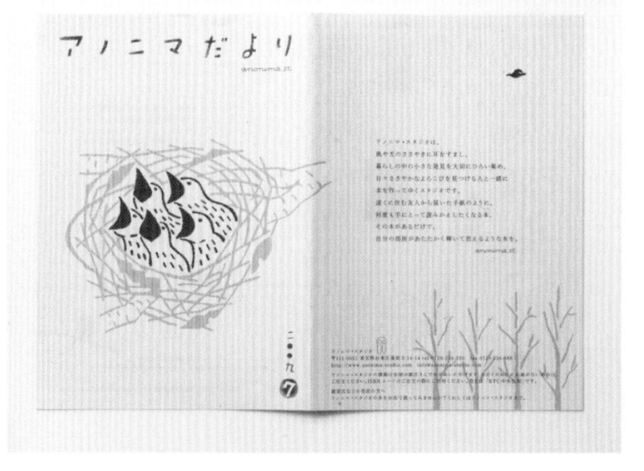

标题

设计团队解释，每一期插画由不同的插画师完成，他们可以随心所欲地表达他们所感受的四季。封面的图文布局是固定的，但根据每一期插画师的风格，标题字体有不同的细微调整。

第五章

版面的平面构成

平面构成是视觉元素在平面上，按照视觉美学效果和力学的原理进行编排和组合，它是以理性和逻辑推理来创造形象、研究形象与形象之间排列的方法。在版式设计中平面构成方法非常实用，应用广泛，在一定的构成理论的指导下可以创作出非常多样且形式感强烈的版式作品。

对比　密集　特异　空间　发射　渐变　近似　重复

重复

重复构成形式是以一个基本单形为主体在基本格式内重复排列。

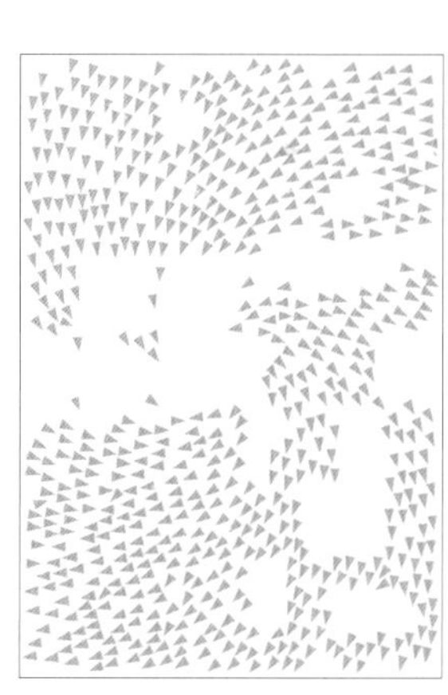

重复

设计：Sergey Skip

近似

近似构成形式是有相似之处的形体构成。

设计：古平正义

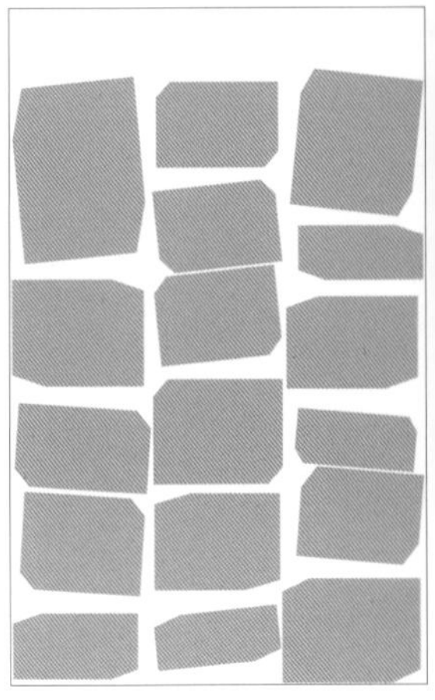

近似

渐变

渐变构成形式是把基本形体按大小、方向、虚实、色彩等关系进行渐次变化排列的构成形式。

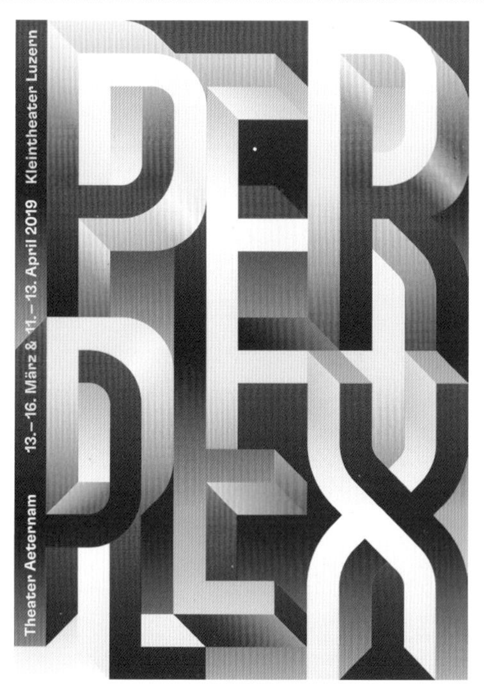

色彩渐变

设计：Erich Brechbühl

虚实渐变

设计：斋藤隆弘，村松丈彦

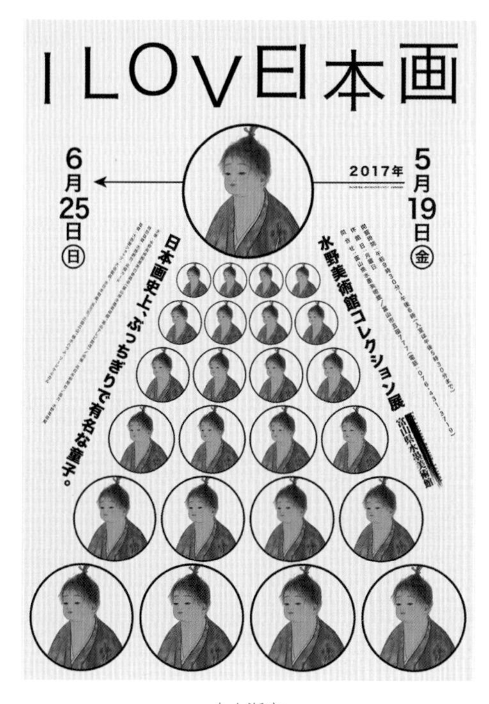

大小渐变

设计：羽田纯

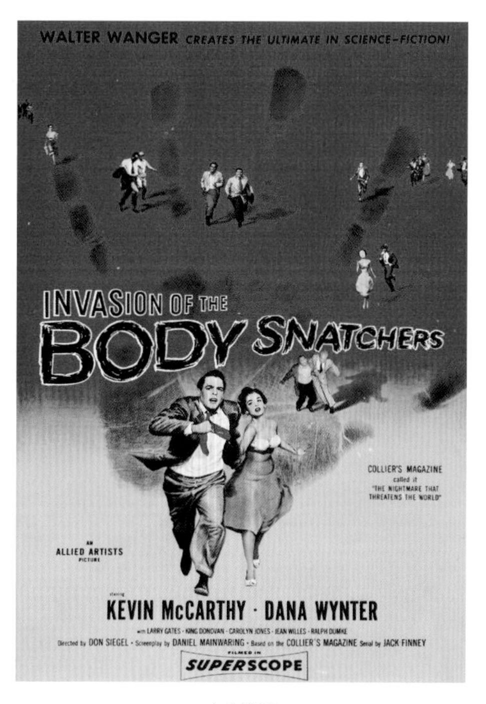

方向渐变

发射

发射构成形式以一点或多点为中心，呈向周围发射、扩散等视觉效果，具有较强的动感及节奏感。

设计：Q Asaba, Kent Iitaka, Rei Ishii

设计：Q Asaba, Kent Iitaka, Rei Ishii

设计：秋泽一彰

一点发射

多点发射

旋转发射

空间

空间构成形式是利用透视学中的视点、灭点、视平线等原理所呈现的平面上的空间感。

设计：欧俊轩 , Steven Wu, Kiko Lam, Ben Cheong

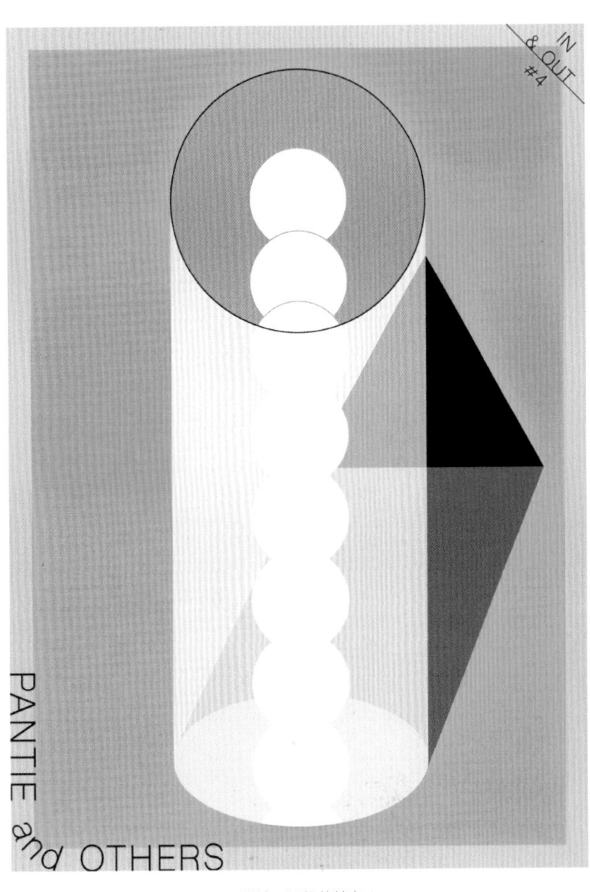

设计：田部井美奈

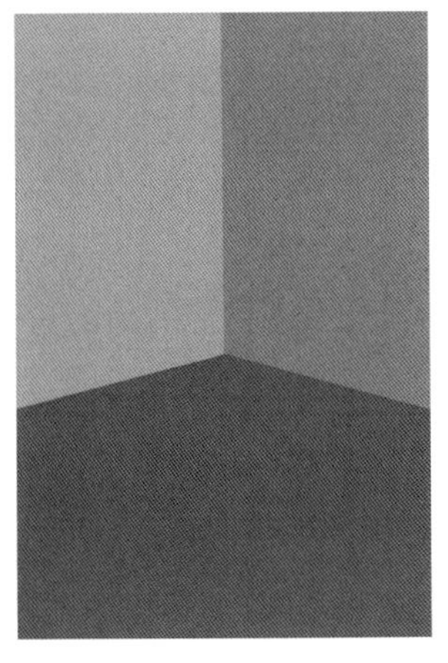

立体空间

矛盾空间

特异

特异构成形式是在一种较有规律的形态中进行小部分的变异，以突破某种较为规范的单调的构成形式。特异构成的因素有方向、色彩、形状、大小、位置等，局部变化的比例不能过大，否则会影响整体与局部变化的对比效果。

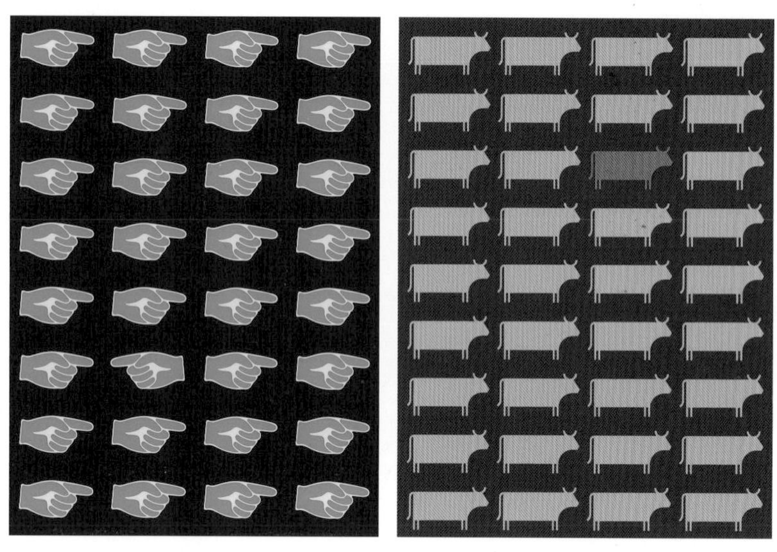

方向特异　　色彩特异

形状特异

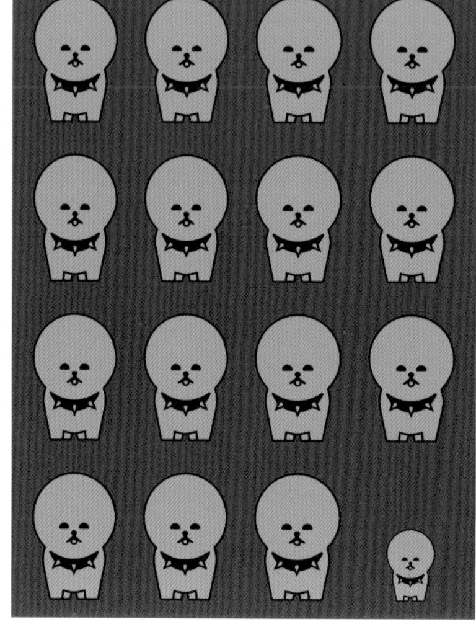

大小特异

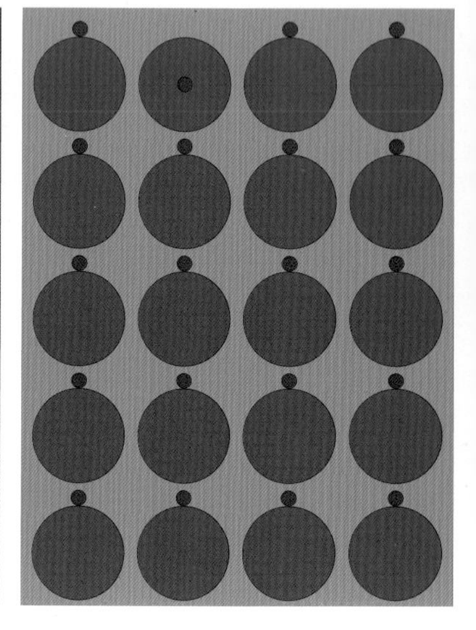

位置特异

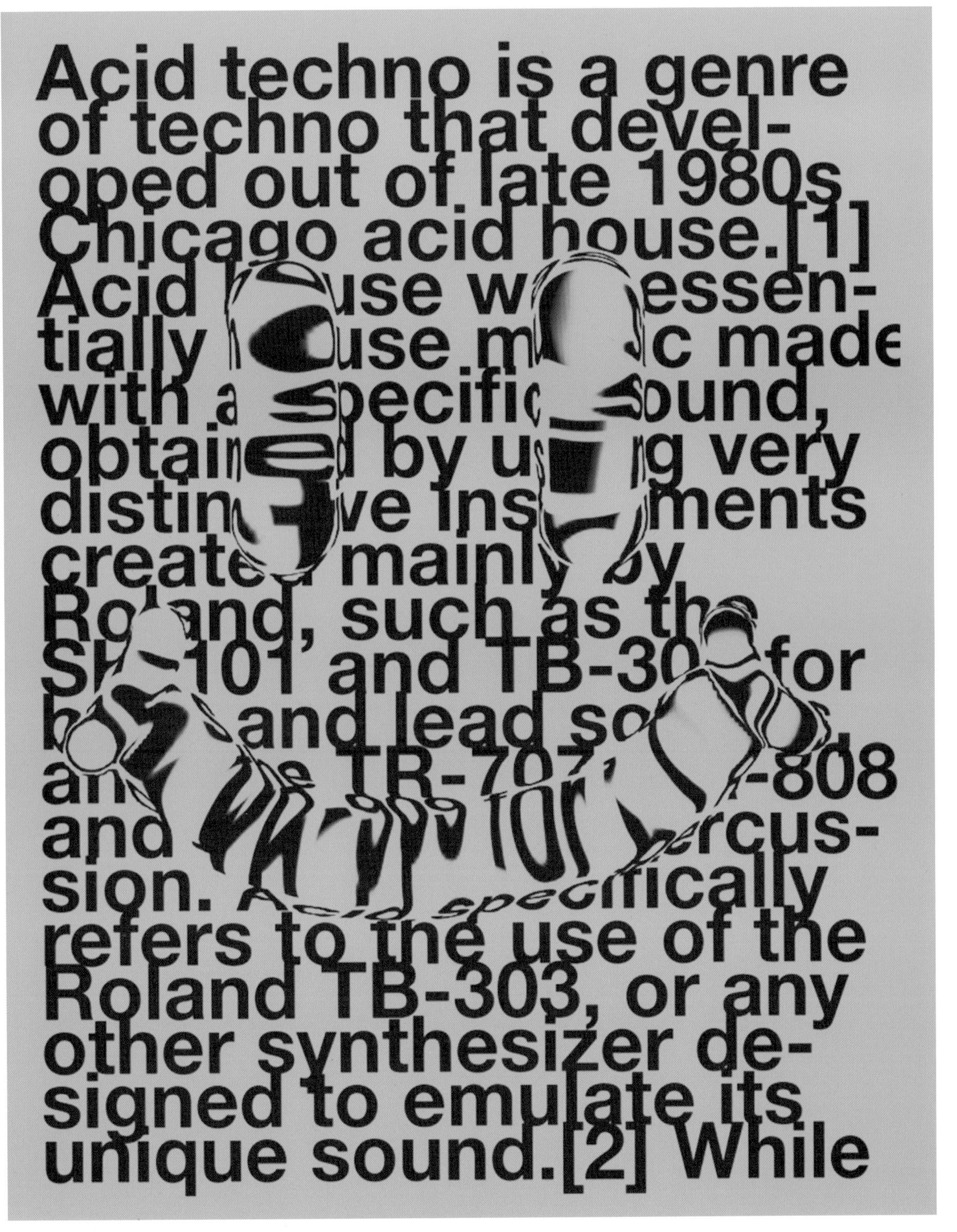

Acid techno is a genre
of techno that devel-
oped out of late 1980s
Chicago acid house.[1]
Acid
tially
with
obtai
distin
mainly
Roland, such as
and
and lead
and
sion.
refers to the use of the
Roland TB-303, or any
other synthesizer de-
signed to emulate its
unique sound.[2] While

形状特异

设计：Ignorance 1

密集

密集构成形式是指基本元素自由排列，形成疏密不一、特定部位元素密集的画面。

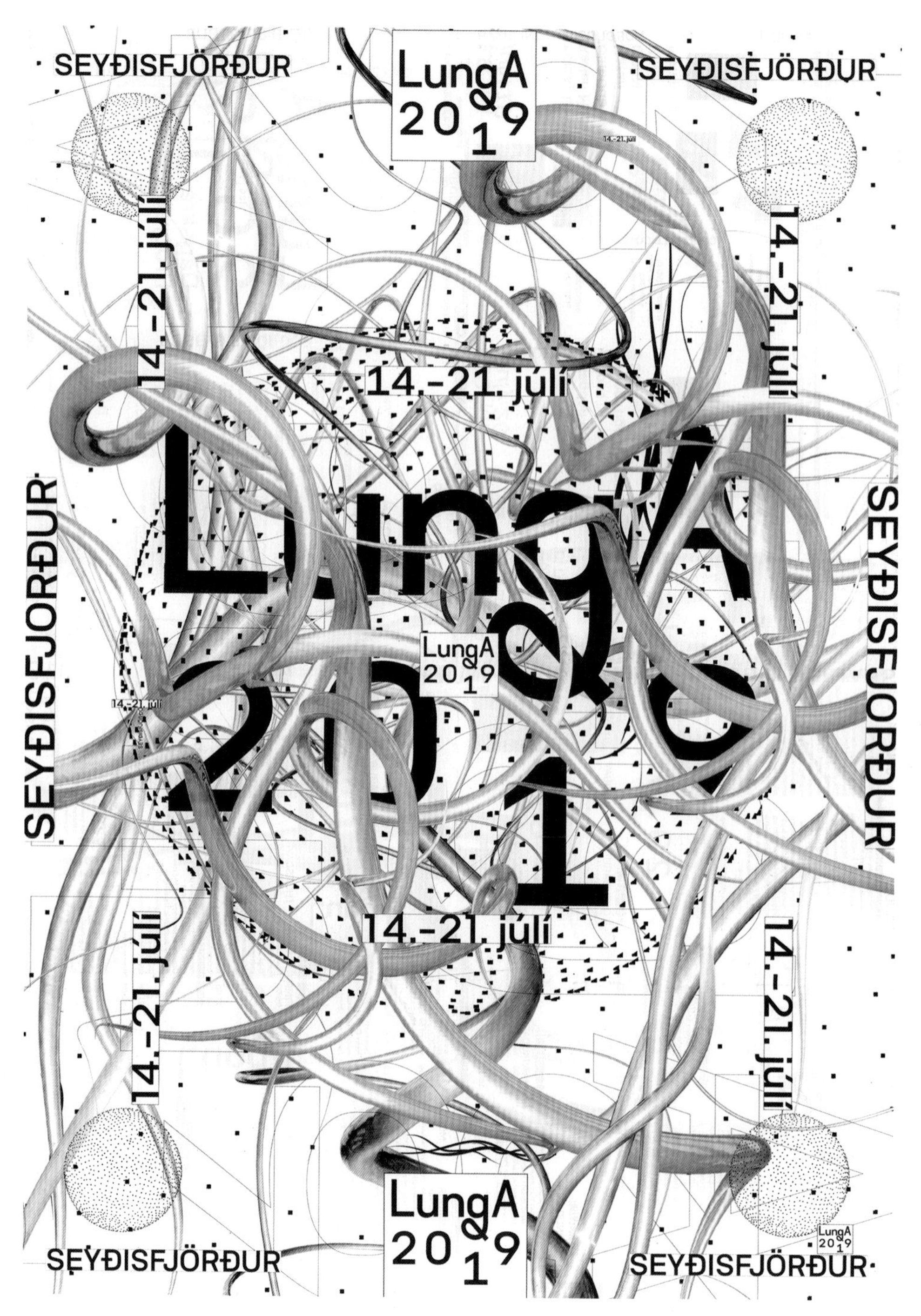

密集

设计：Greta Thorkels

对比

对比构成形式是指通过疏密、大小、虚实、方向、色彩、肌理等方式形成对比效果。

疏密对比

设计：高田唯

大小对比

设计：羽田纯

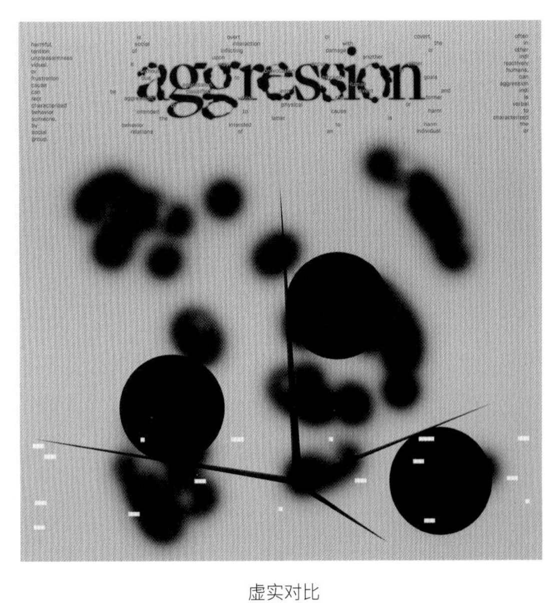

虚实对比

设计：Anton Synytsia

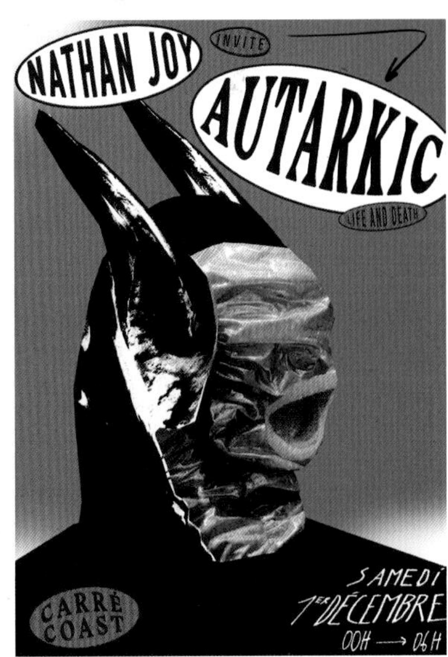

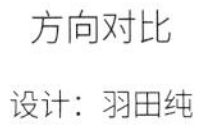

方向对比

设计：羽田纯

色彩对比

设计：Alycia Rainaud

肌理对比

设计：Arno Labat

重复、近似、密集

设计 : Erich Brechbühl

虚实、渐变、空间

设计 : Erich Brechbühl

肌理与色彩对比

设计：Erich Brechbühl

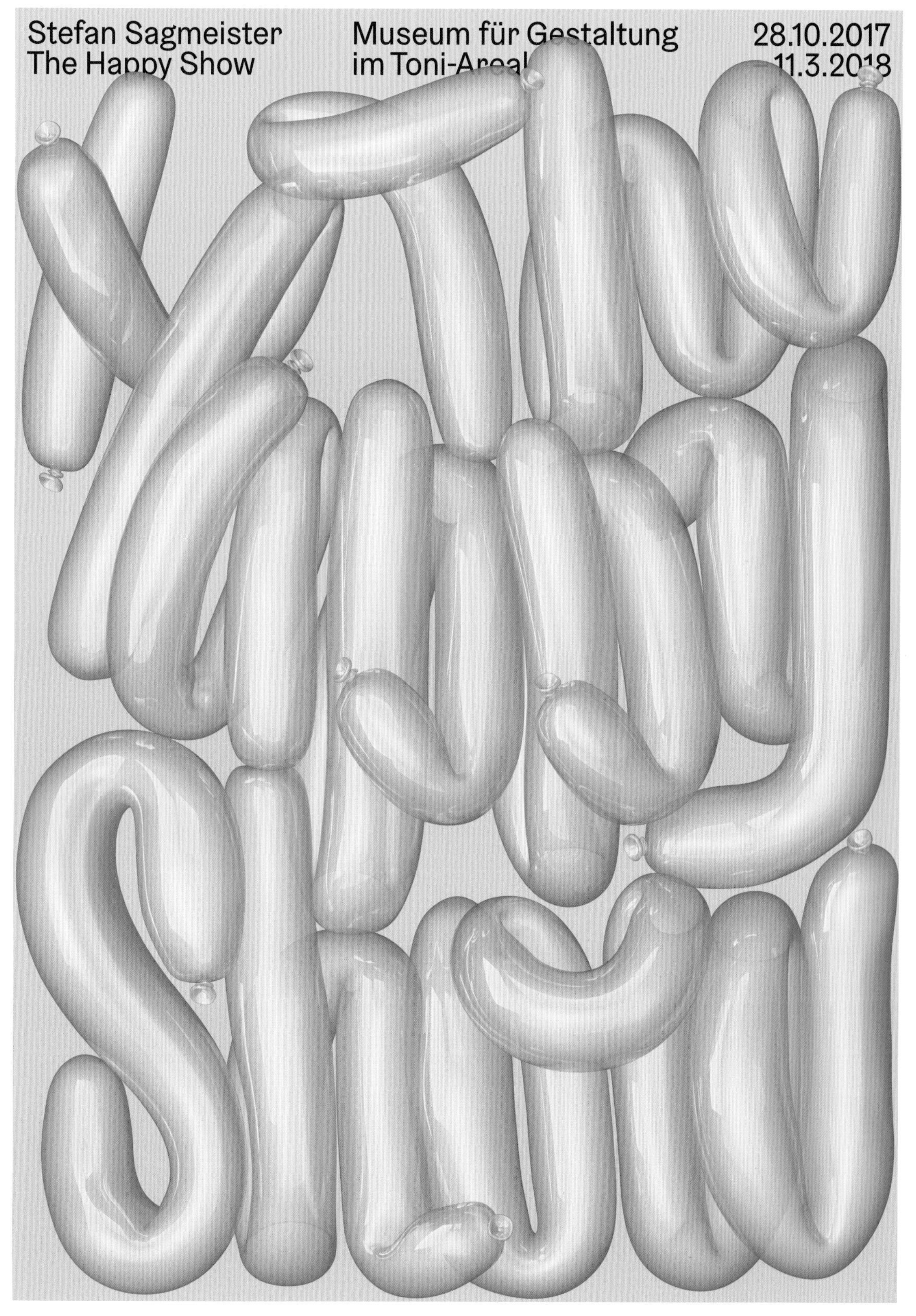

肌理与色彩渐变

设计 : Erich Brechbühl

色彩渐变与肌理对比

色彩对比与肌理对比

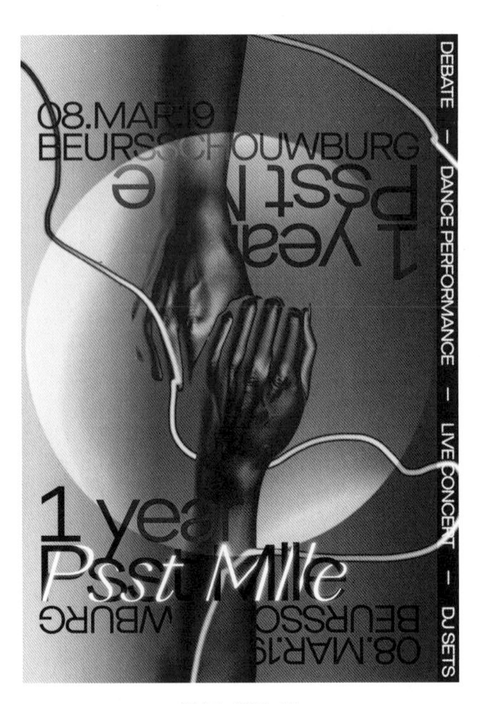

渐变与肌理对比

色彩对比

设计：Lucile Martin, Julien Pik

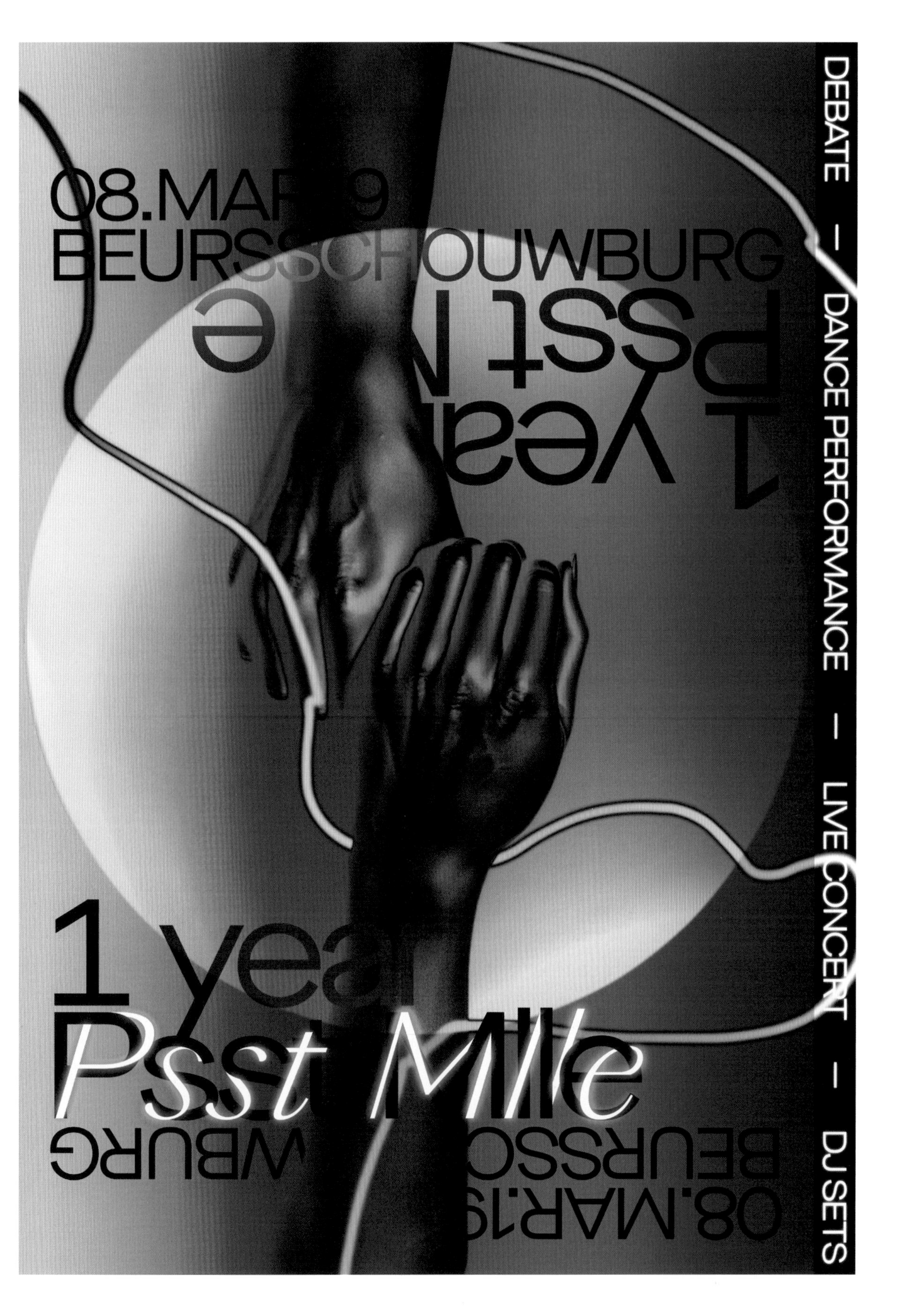
08.MAR.19
BEURSSCHOUWBURG
1 year
Psst Mlle
DEBATE — DANCE PERFORMANCE — LIVE CONCERT — DJ SETS

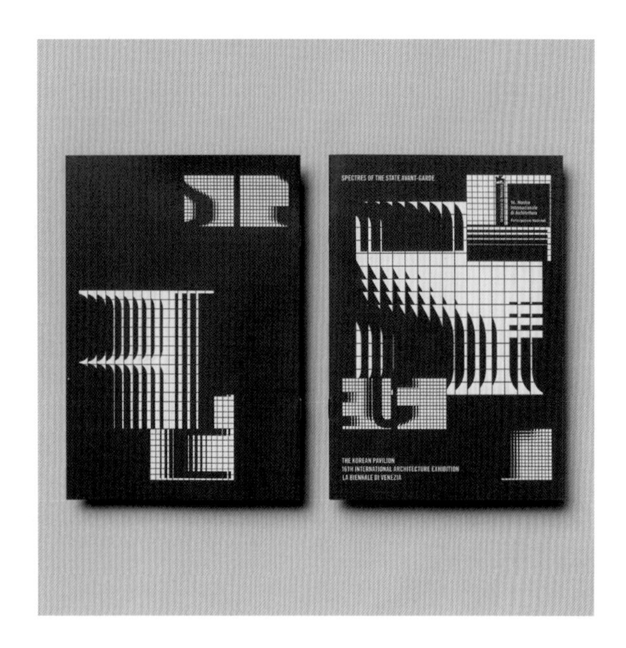

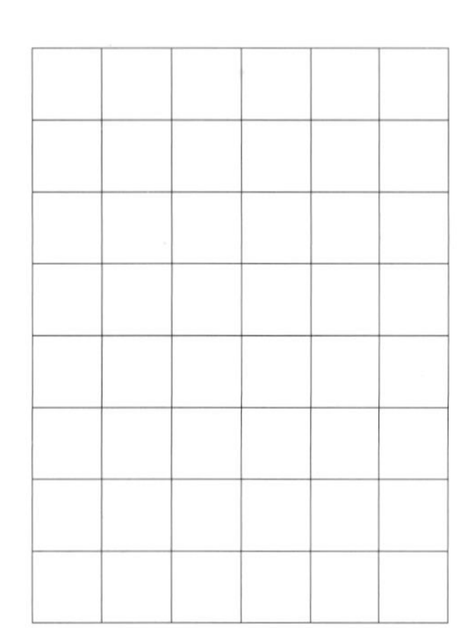

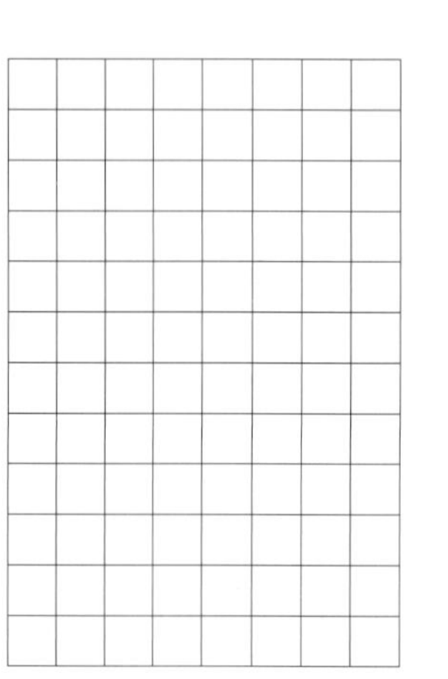

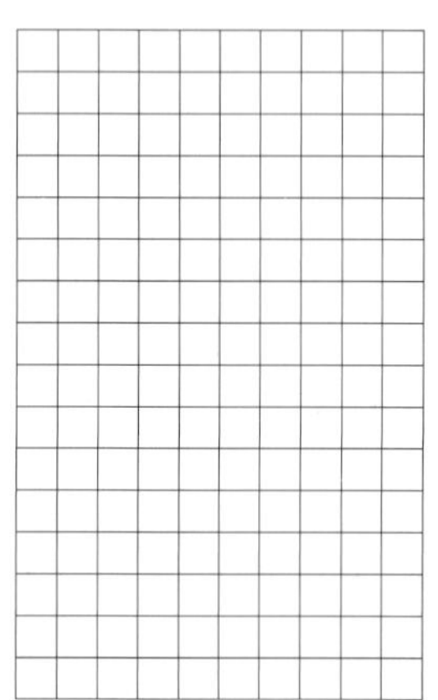

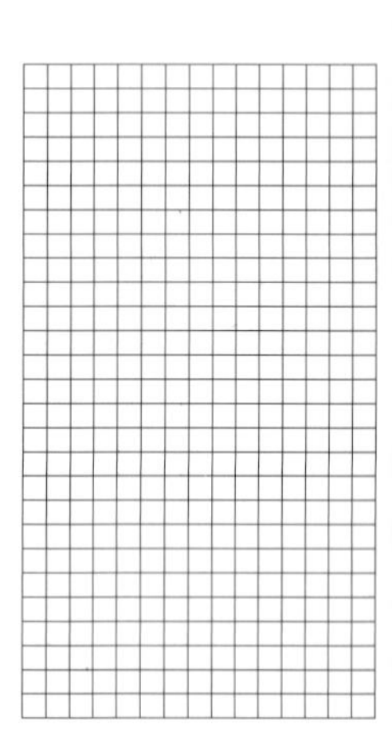

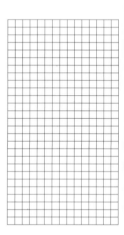

不同密度的网格通过裁切、重复叠加的设计来构建版面视觉语言。

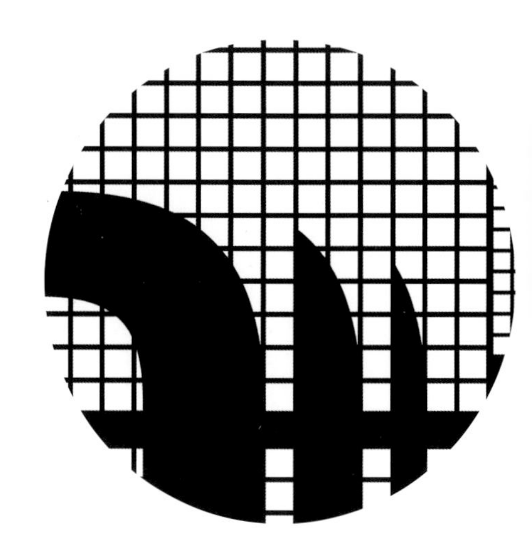

威尼斯建筑双年展——韩国馆：“前卫国家的幽灵”宣传品

韩国馆“前卫国家的幽灵”展览探索了现代建筑与国家的复杂关系。这是该展览的宣传海报和折页设计，设计师采用重复这一构成方法来做设计表现的核心。

设计：Jaemin Lee, Hyunsun You

SPECTRES OF THE
STATE
AVANT-
GARDE
la Biennale di Venezia
16. Mostra
Internazionale
di Architettura
Partecipazioni Nazionali
SPECTRES OF
THE STATE
AVANT-GARDE
KOREAN PAVILION 2018
LA BIENNALE DI VENEZIA
16TH INTERNATIONAL
ARCHITECTURE
EXHIBITION
Arts Council Korea

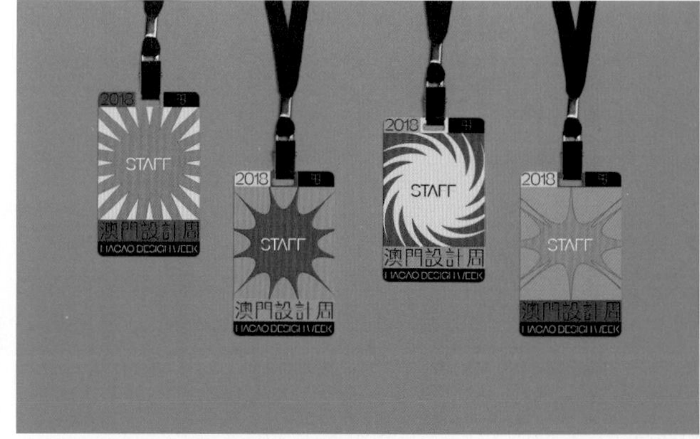

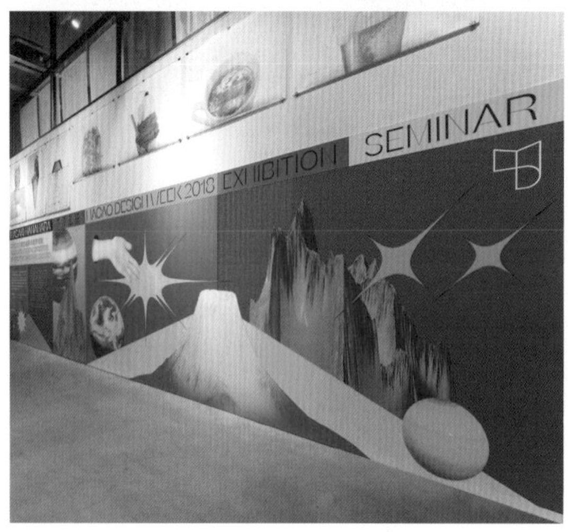

高饱和度的色彩对比和渐变，以及肌理对比构成非常刺激的视觉体验。

“澳门设计周”宣传品

设计团队希望能通过这些视觉设计，传达“带你去宇宙寻找故事”的主题。
色彩的应用是这组海报的重要元素，强烈的色彩吸引着观者的关注力。

设计：欧俊轩 , Steven Wu, Kiko Lam, Ben Cheong

MACAO DESIGN WEEK
澳門設計周 2018.11.04-11
MACAUDESIGNWEEK
DESIGN SEMINAR 設計講座

MACAO DESIGN WEEK
澳門設計周 2018.11.04-11
MACAUDESIGNWEEK
澳門設計中心
MACAU DESIGN CENTRE
澳門設計展
MACAO DESIGN EXHIBITION
2018.11.04-11 EXHIBITION
MACAUDESIGNWEEK
澳門設計周 LIVE MUSIC SEMINAR
MACAO DESIGN WEEK

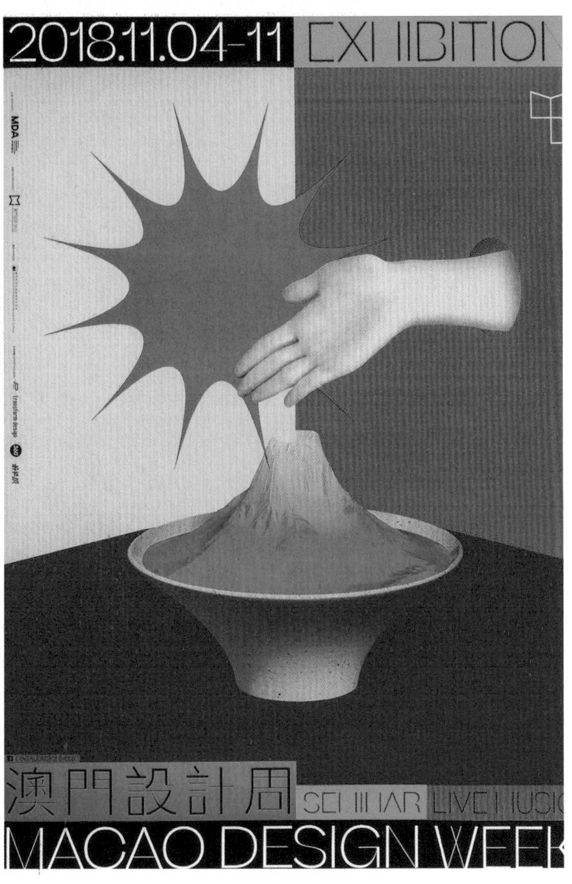
2018.11.04-11 EXHIBITION
澳門設計周 SEMINAR LIVE MUSIC
MACAO DESIGN WEEK

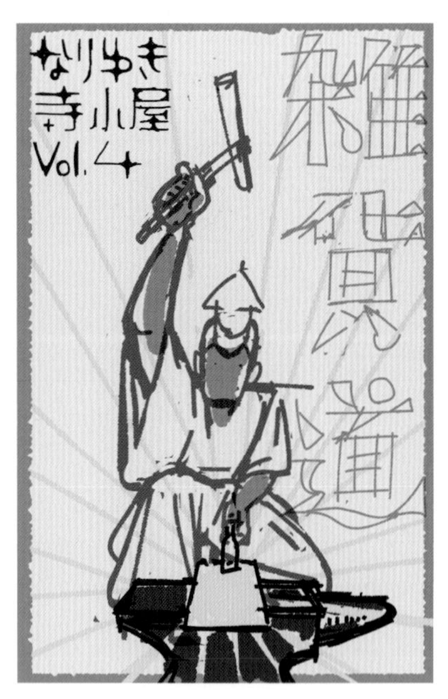

版面网格

发射状的线条是版面的基础构图

“杂货道”宣传海报

在日本，插画和杂货行业有着密切关系，“杂货道”是海报所示这次研讨会的主题，主要探讨插画在杂货（主要是纸品文具）销售中的作用和设计可能性，以及如何开发杂货、如何与杂货制造商合作等问题。

设计：Takeuma

なりゆき寺小屋 Vol.4
雑貨八道
COMES GRAPHIC
RYU-RYU
紙 ing
2017. 2/25 (土)
13：00-16：30
at 元立誠小学校

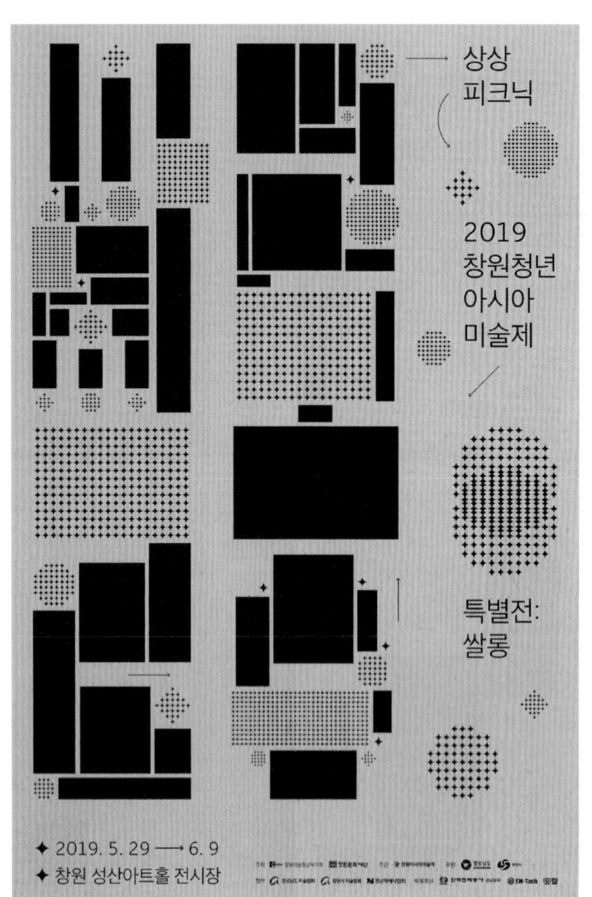

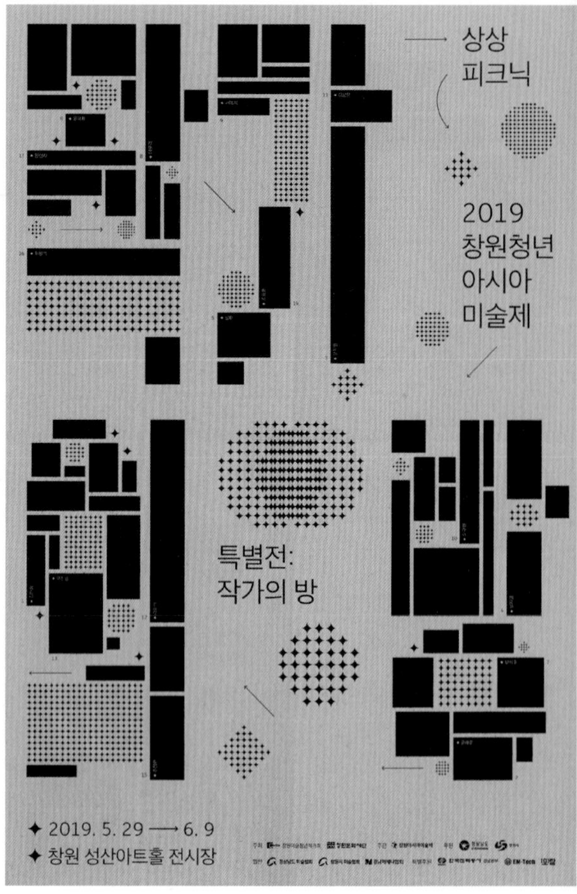

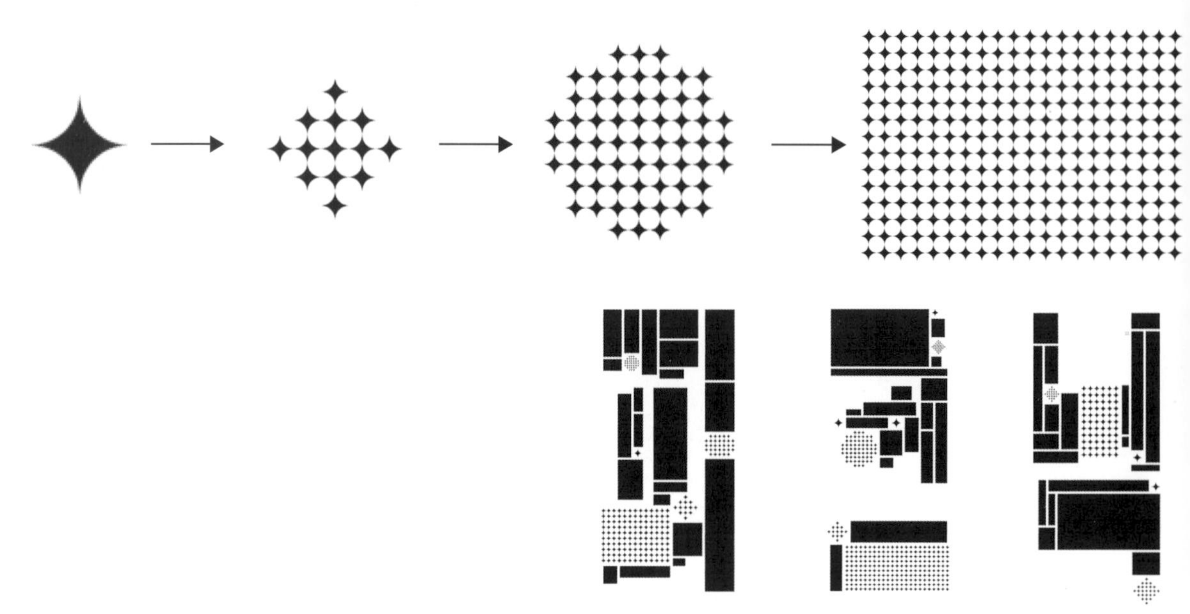

昌原亚洲青年艺术节展览海报和宣传单

平面构成中的重复和近似方法是这个设计的重要手段，设计利用基础元素进行重复和近似组合将韩文构成全新的图形，形式感强烈。

设计：Park Jinhan

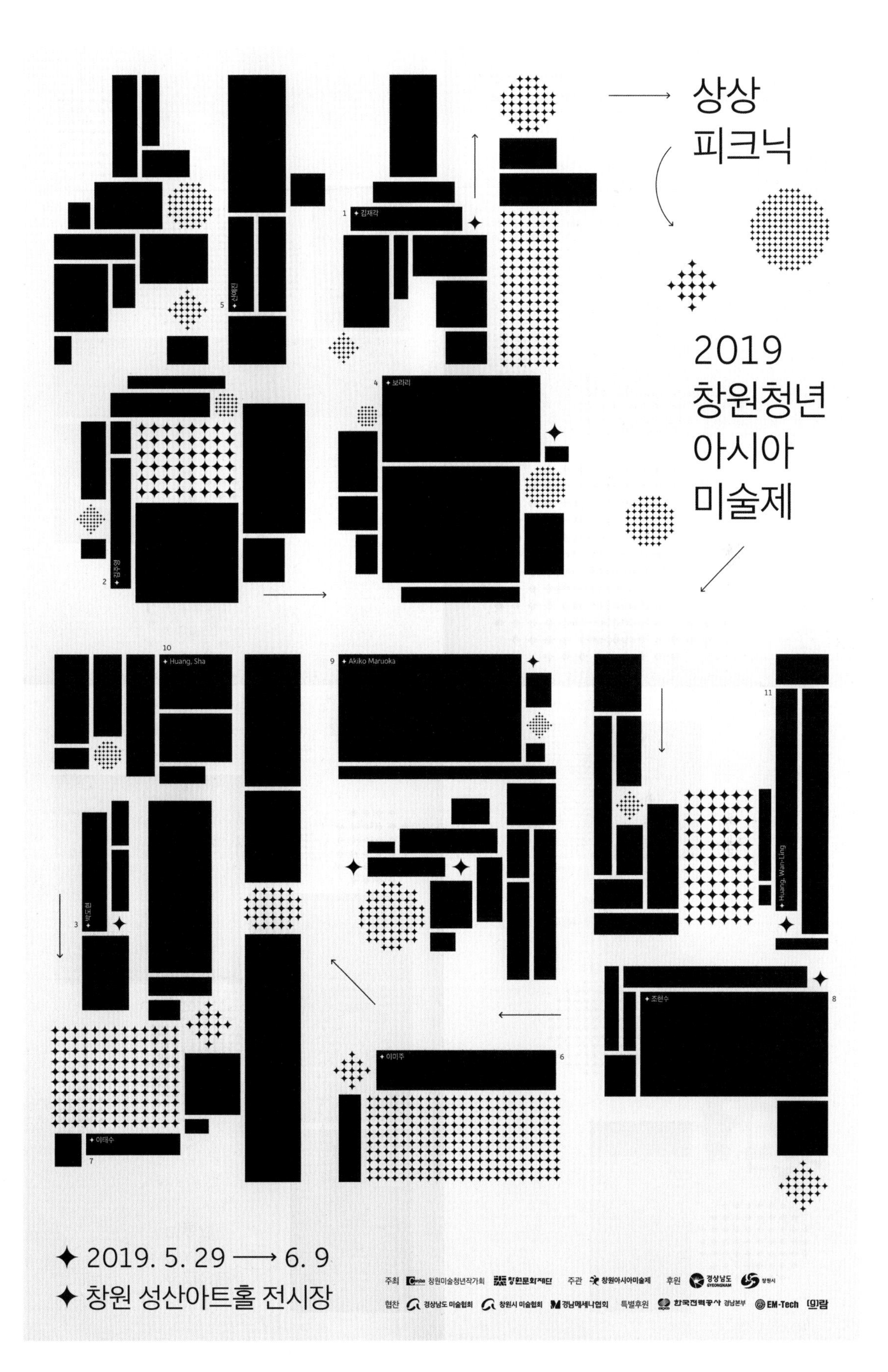
상상
피크닉
2019
창원청년
아시아
미술제
1 김재각
2 김주영
3 박보경
4 보라리
5 신예진
6 이미주
7 이태수
8 조현수
9 Akiko Maruoka
10 Huang, Sha
11 Huang, Wan-Ling
2019. 5. 29 → 6. 9
창원 성산아트홀 전시장
주최 창원미술청년작가회 창원문화재단 주관 창원아시아미술제 후원 경상남도 창원시
협찬 경상남도 미술협회 창원시 미술협회 경남메세나협회 특별후원 한국전력공사 경남본부 EM-Tech

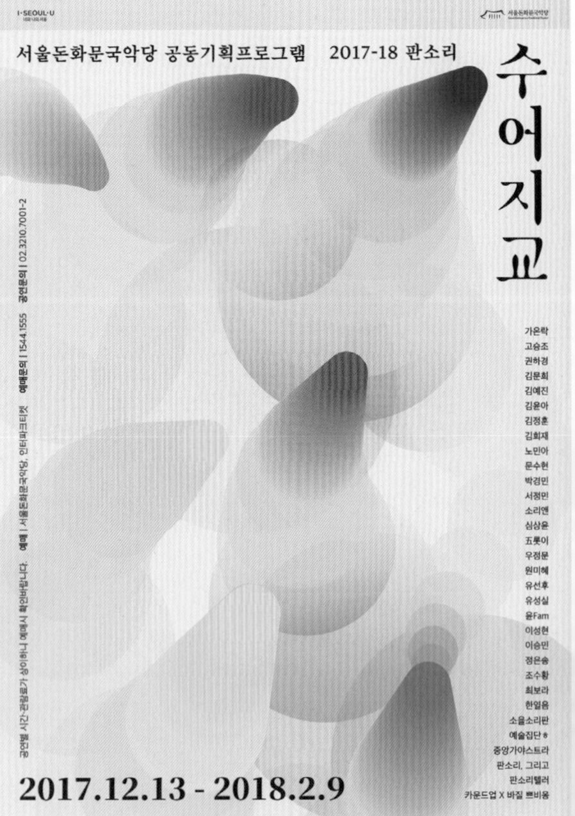

向内发射的色彩将视觉引导到大标题所在位置。
重叠排列的彩圈表示鱼在水中游动泛起的波纹。

《鱼水之交》演出宣传海报

一场韩国传统歌舞演出，设计师利用简单的色彩和图形元素，抽象表达“鱼水之交”的含义。此外，第三季主题“盘索里”（Pansori，一种韩国传统曲艺）中的“索里”（Sori）意为“声音”，而延展开来的圆形也可以表示声音的波长。

设计：Dasol Lee

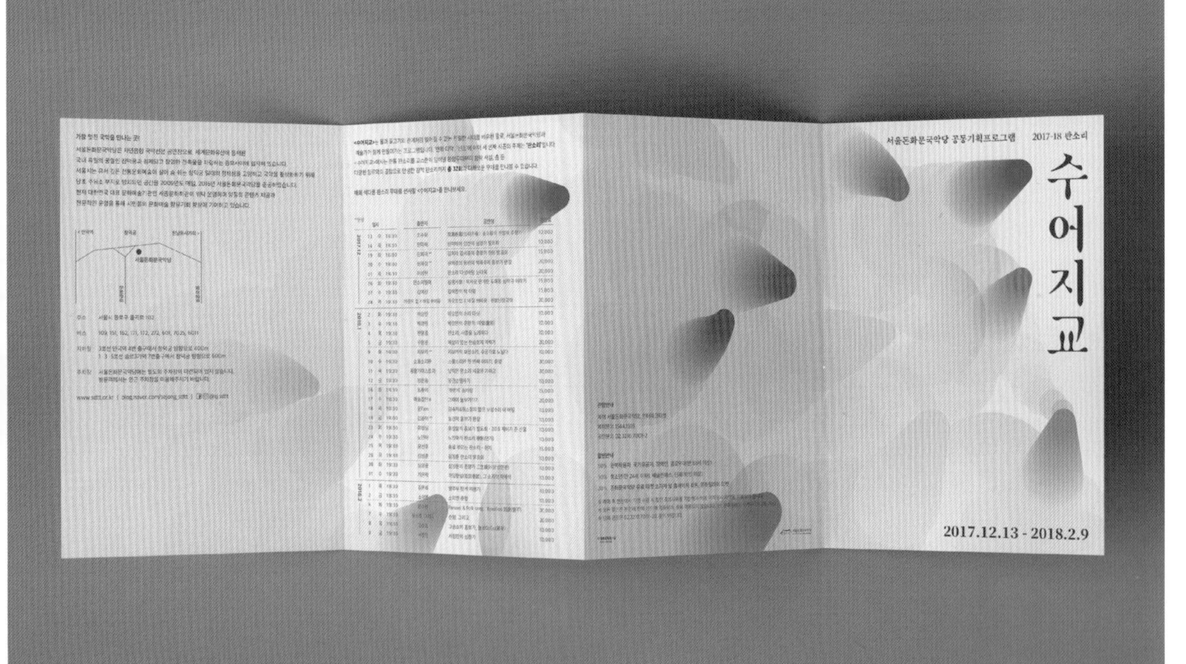
서울돈화문국악당 공동기획프로그램 2017-18 판소리
수어지교
2017.12.13 - 2018.2.9

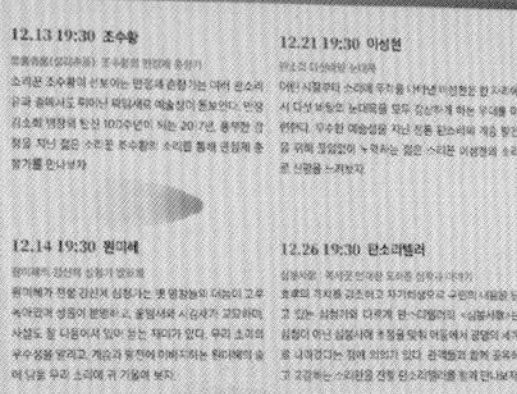

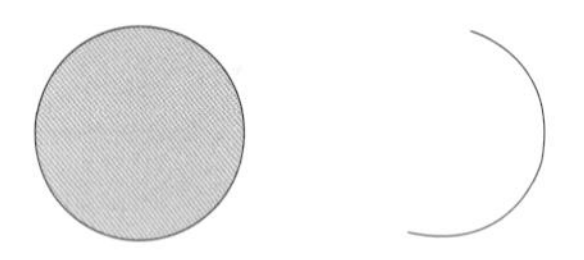

以圆形和弧线作为基本元素，通过巧妙的重复排列组合构建出视觉上的猫咪形态。

Pantie & Others 展览宣传海报

设计师田部井美奈的个人作品展览。展览的作品以几何图形为概念，展示了 12 张海报及其他作品，旨在探讨二元符号和三维空间的视觉关系。

设计：田部井美奈

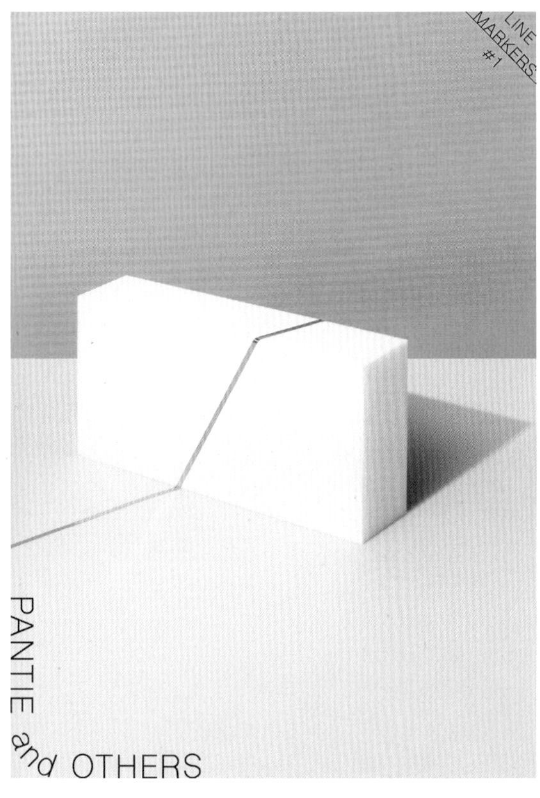

以拍摄的方法，通过色彩的对比构建出立体空间的形式美感。

二维的透视和色彩对比是常用的矛盾空间构建方法。

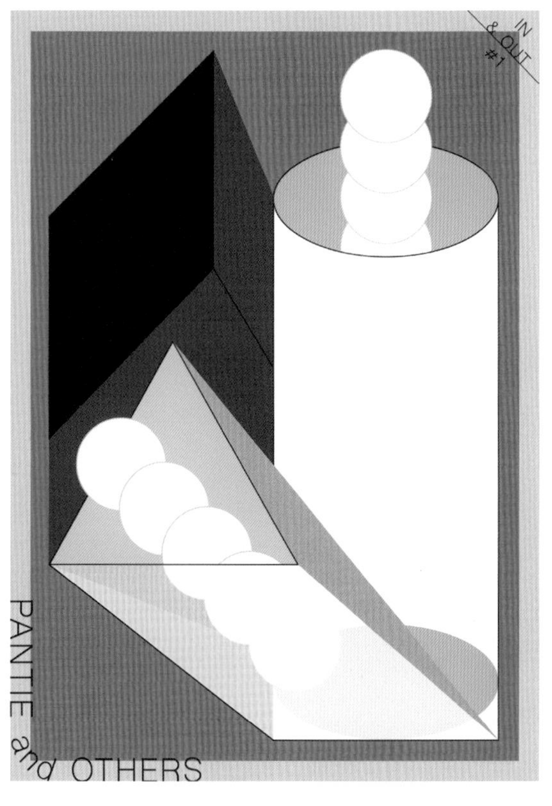

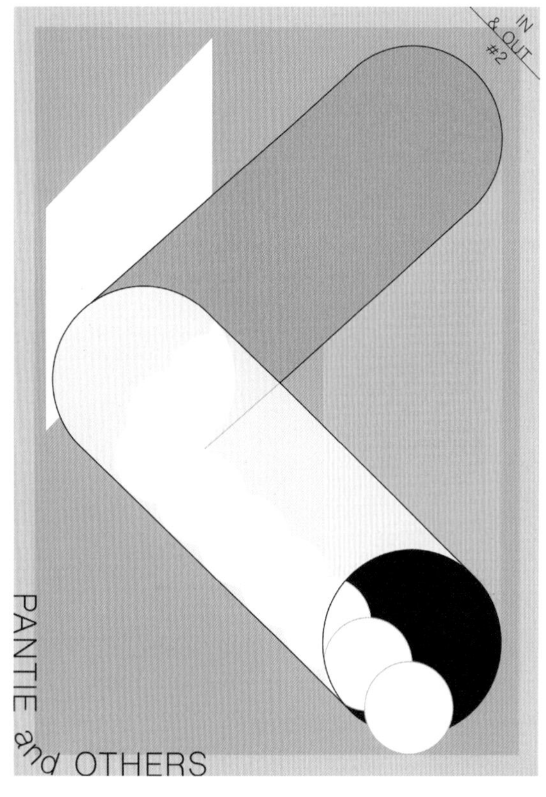

第六章

纸张尺寸与开本

版面必然有一定的尺寸范围。在进行项目设计的时候，不论是书籍、画册、海报、宣传页、信封、名片等都涉及尺寸大小的选择问题。

合适的尺寸开本能够帮助设计目标达成，同时也能更好地节约成本，因此对通用纸张尺寸与开本的了解是非常有必要的。

ISO 纸张尺寸标准及其 A 系列

B 系列

C 系列

中国大陆地区印刷纸张通用尺寸开切

北美纸张标准

ISO 纸张尺寸标准及其 A 系列

ISO（International Organization for Standardization, 国际标准化组织） 纸张尺寸标准的制定基于固定的长宽比 $\sqrt{2}$，约为 1.4142。这个比例由德国科学家利希滕贝格（Georg Christoph Lichtenberg）最早提议应用到纸张尺寸的制定上，因而该比例也被称为利希滕贝格比例（Lichtenberg Ratio）。该比例确保了沿矩形的长边对折或剪切，得到的新矩形的长宽比不变。这一特性使得同系列内不同尺寸纸张的长宽比相同，因此可以直接缩放影印而不会造成纸面图案有边缘裁切的问题。

A 系列的纸张尺寸最为常见，由 ISO 216 定义。该标准源于德国标准化学会在 1922 年纳入的 Din 476。
A 系列从 A0 开始将其沿长边对折，得到的每一半均为 A1 大小，A1 继续沿长边对折即可得到 A2，以此类推。
印刷行业中，纸张的克重常以 g/m^2 来计算，为了简化计算，最大尺寸 A0 的面积被定义为 $1\ m^2$。

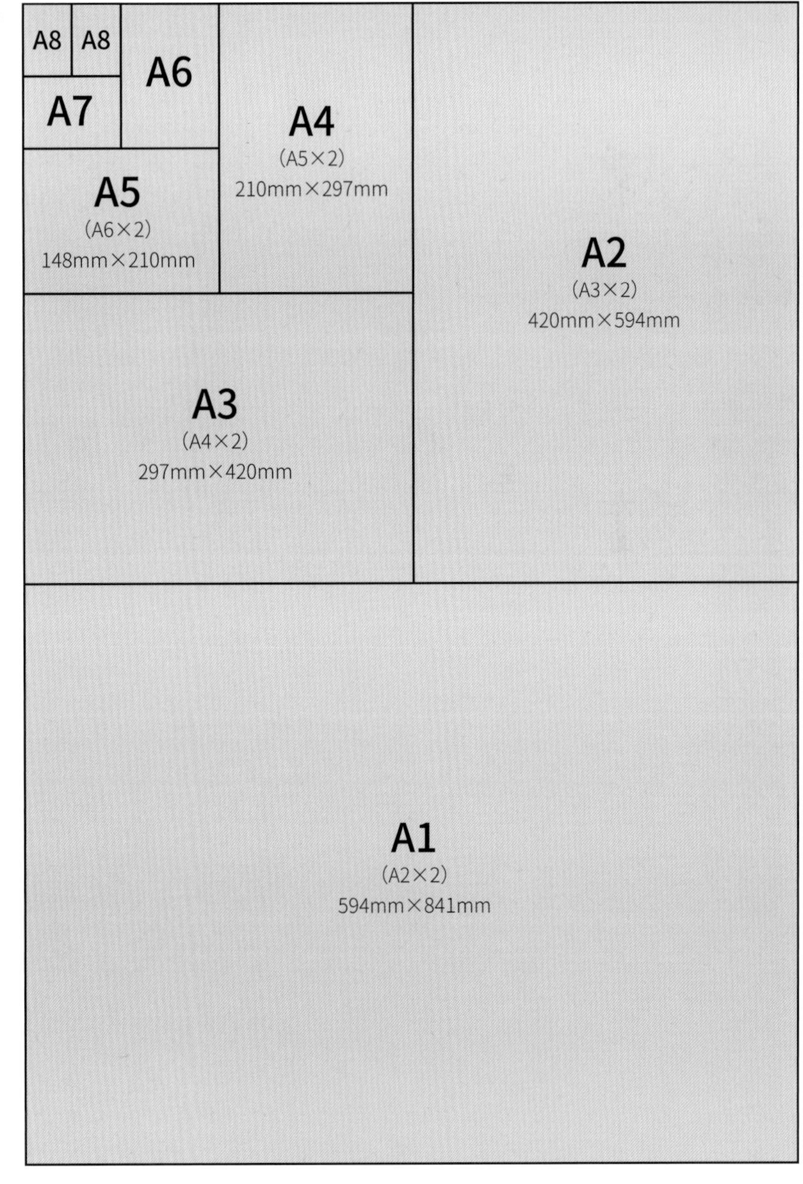

B 系列

B 系列纸张的推出满足了更广泛的运用。B 系列纸张尺寸是 A 系列纸张相同编号与编号前一号的纸张尺寸的几何平均（乘积的开方），即 B1（0.707 m^2）的尺寸是 A0（1 m^2）和 A1（0.5 m^2）的几何平均（$\sqrt{1x0.5}m^2$）。该系列的纸常用于护照、信封和海报，其中 B5 常作为书籍的尺寸。

日本 JIS (Japanese Industrial Standards, 日本工业标准) 定义了两种尺寸的纸，JIS A 系列与 ISO A 系列尺寸相同，其 B 系列则异于 ISO B。JIS B 系列的面积为 A 系列的 1.5 倍。同时，JIS B 系列的面积是用算术平均而不是用几何平均来定义的，也就是说 JIS B1 的尺寸等于 A1 和 A0 之和的平均。

B6（B7×2）125mm×176mm

B7（B8×2）88mm×125mm

B8（B9×2）62mm×88mm

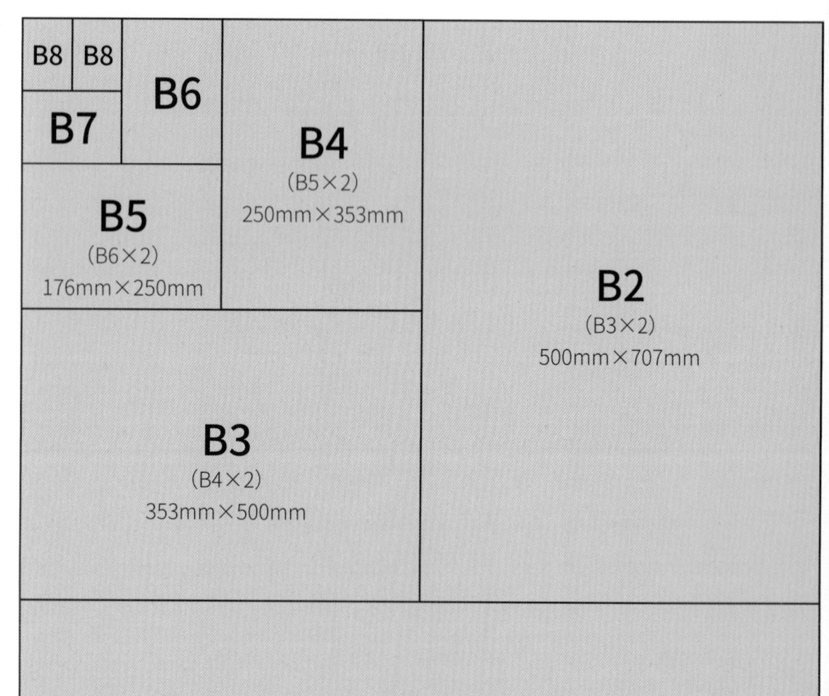

B1
（B2×2）
707mm×1000mm

B0
（B1×2）
1000mm×1414mm

C 系列

C 系列纸张尺寸主要用于信封。即一张 A4 大小的纸张可以刚好放进一个 C4 大小的信封；把 A4 纸张对折得到的 A5 可以刚好放进 C5 大小的信封。C 系列纸张尺寸是相同编号的 A 系列与 B 系列纸张尺寸的几何平均，即 $C_n = \sqrt{A_n x B_n}$。

C6（C7×2）114mm×162mm

C7（C8×2）81mm×114mm

C8（C9×2）57mm×81mm

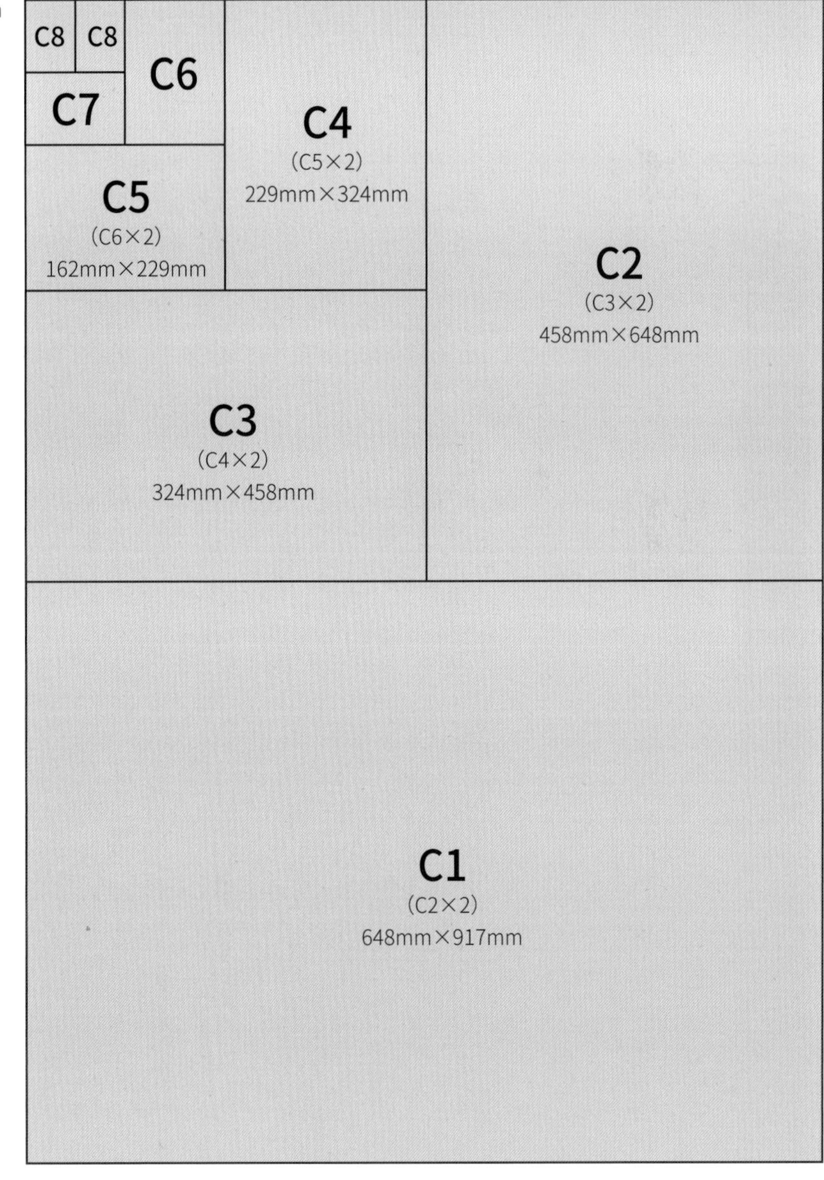

C0
（C1×2）
917mm×1297mm

中国大陆地区印刷纸张通用尺寸开切

正度

正度全张：787×1092

印前光边后：780×1080

单位：mm

开数	尺寸			
2开	540×780	390×1080		
3开	360×780	260×1080	390×690	
4开	390×540	270×780	195×1080	
5开	330×450	260×560		
6开	360×390	260×540	270×510	
7开	260×410	216×540	154×780	
8开	270×390	195×540		
9开	260×360	230×390	195×445	
10开	216×390	260×280	230×320	
11开	210×360	260×272		
12开	260×270	180×390	195×360	
13开	216×282	130×475		
14开	156×384	195×295	216×270	
15开	216×260	180×300	156×360	
16开	195×270	135×390		
18开	180×260	130×360		
20开	195×216	156×270		
21开	155×260			
24开	130×270	180×195	135×260	172×195
25开	156×216			
26开	154×208	156×204	130×237	
27开	120×260	130×238	141×216	
28开	111×270	155×195	156×192	
30开	156×180	130×216		
32开	135×195	97×270		
36开	130×180	120×195		
40开	135×156			
50开	108×156			
64开	97×135			

大度

大度全张：889×1194

印前光边后：882×1182

单位：mm

2 开

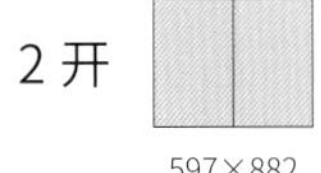

597×882　440×1182

3 开

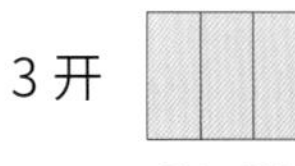

394×882　294×1182　440×742

4 开

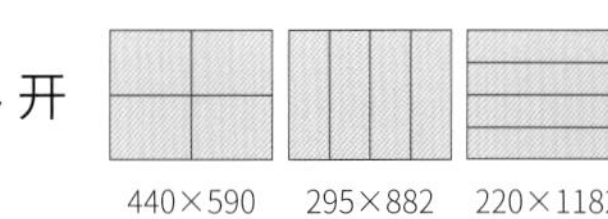

440×590　295×882　220×1182

5 开

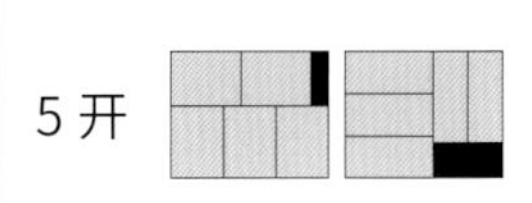

380×502　294×594

6 开

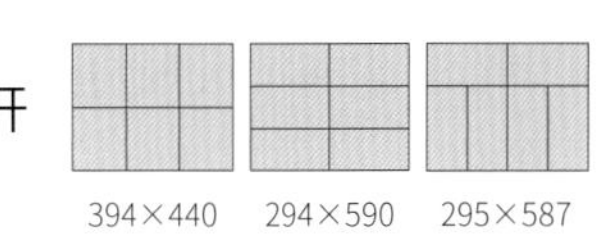

394×440　294×590　295×587

7 开

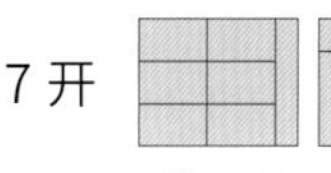
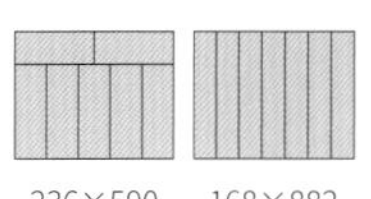

294×444　236×590　168×882

8 开

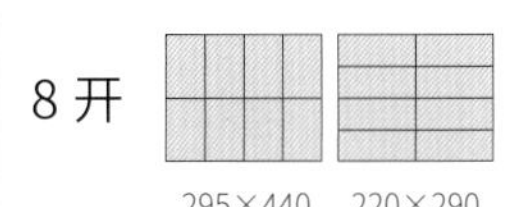

295×440　220×290

9 开

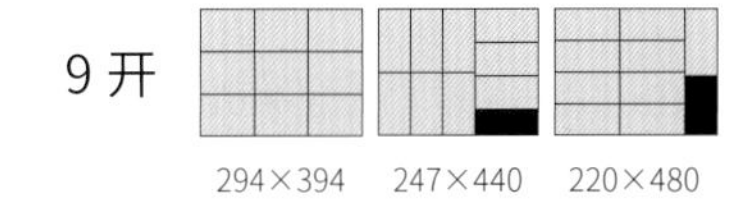

294×394　247×440　220×480

10 开

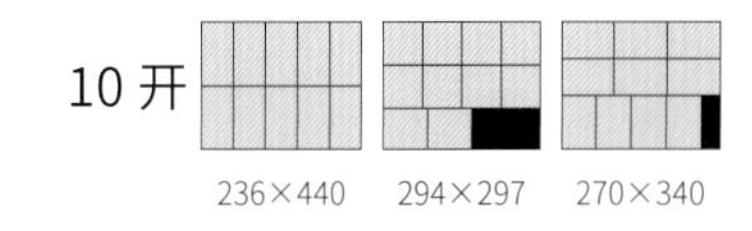

236×440　294×297　270×340

11 开

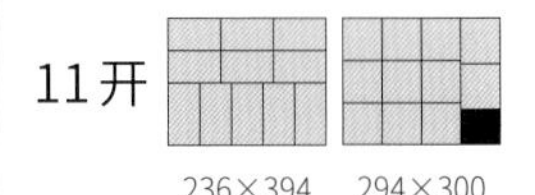

236×394　294×300

12 开

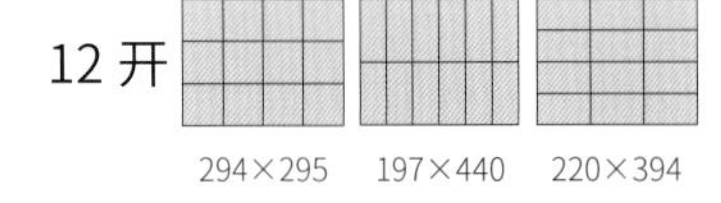

294×295　197×440　220×394

13 开

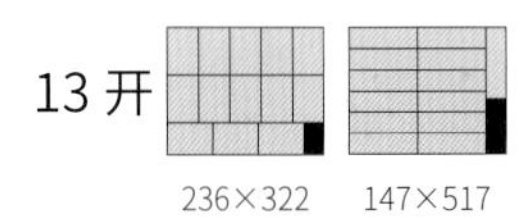

236×322　147×517

14 开

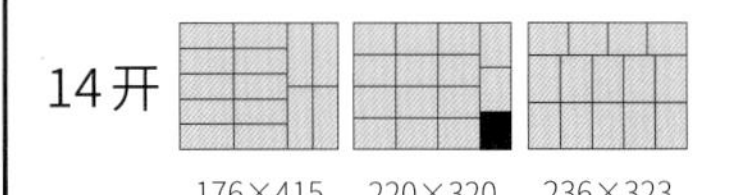

176×415　220×320　236×323

15 开

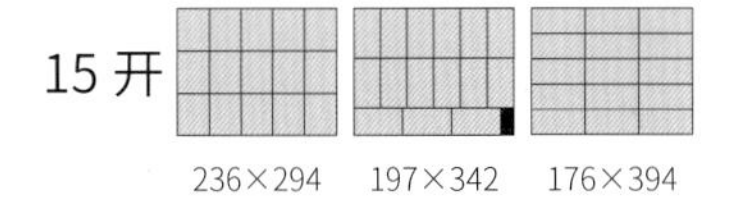

236×294　197×342　176×394

16 开

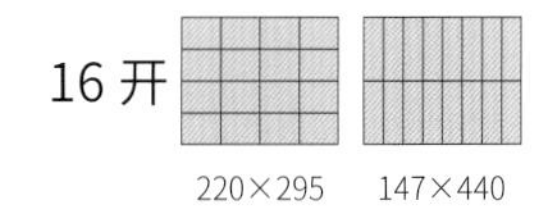

220×295　147×440

18 开

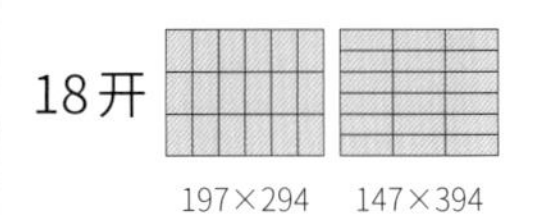

197×294　147×394

20 开

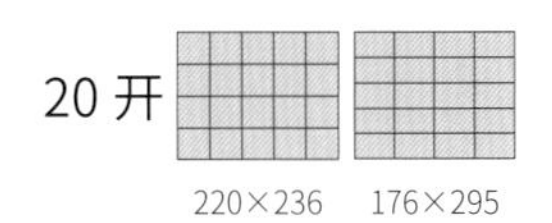

220×236　176×295

21 开

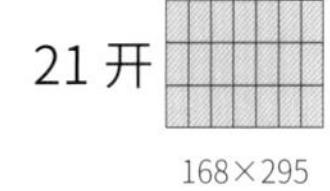

168×295

24 开

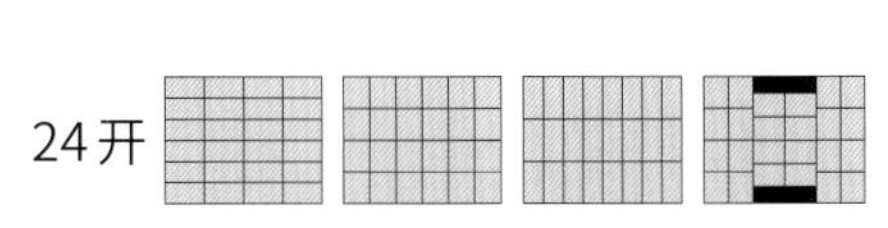

147×295　197×220　147×294　185×220

25 开

176×236

26 开

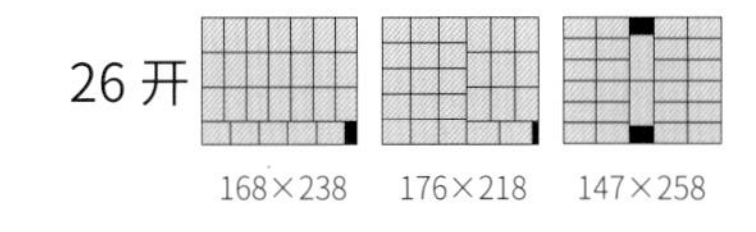

168×238　176×218　147×258

27 开

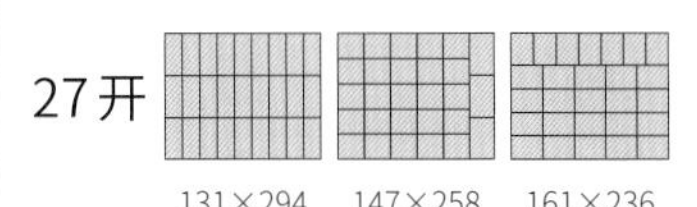

131×294　147×258　161×236

28 开

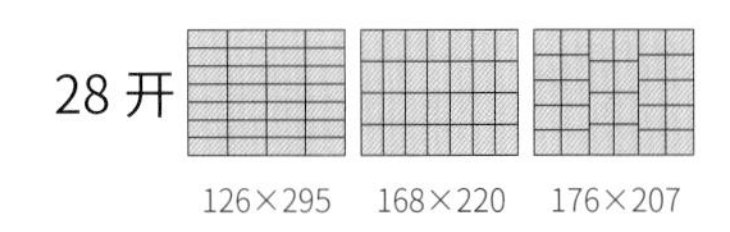

126×295　168×220　176×207

30 开

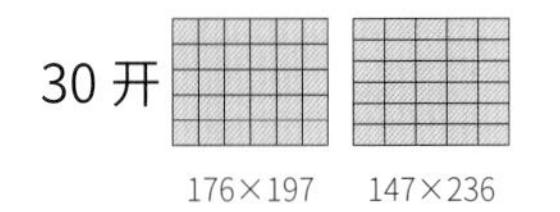

176×197　147×236

32 开

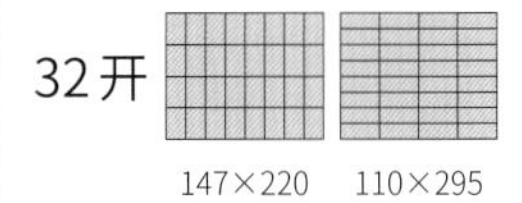

147×220　110×295

36 开

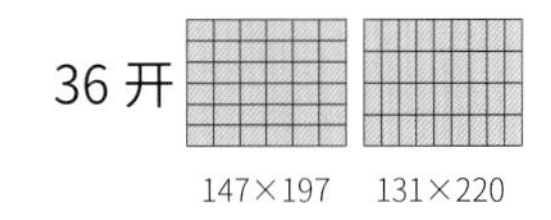

147×197　131×220

40 开

147×176

50 开

118×176

64 开

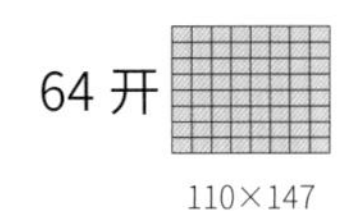

110×147

北美纸张标准

在北美地区没有使用ISO 216 所制定的国际标准纸张尺寸，纸张尺寸包括 Letter、Legal、Ledger 和 Tabloid。最常用的 Letter 的尺寸接近 A4，但比 A4 的宽边稍长，长边稍短。

这些纸张尺寸不像 ISO 系列的纸张尺寸有着固定的长宽比，它们有两种不同的长宽比：17/11 ≈ 1.545 和 22/17 ≈ 1.294。纸张在缩小或者放大时需要裁切掉部分空白。

型号	尺寸（长 × 宽）
US Ledger	432mm×279mm
US Tabloid	279mm×432mm
US Letter	216mm×279mm
US Legal	216mm×256mm
Government Letter	203mm×267mm
Junior Legal	203mm×127mm

ANSI 标准纸张尺寸

美国国家标准学会（ANSI）定义了自己的纸张尺寸，规定了 Letter 为 ANSI A，Tabloid 为 ANSI B，更大的尺寸则为 C、D 和 E。

型号	尺寸（宽 × 长）	宽长比率
A	216mm×279mm	1：1.2927
B	279mm×432mm	1：1.5484
C	432mm×559mm	1：1.2940
D	559mm×864mm	1：1.5456
E	864mm×1118mm	1：1.2940

加拿大纸张尺寸

加拿大 CAN 2-9.60M 定义了 P1~P6 六种尺寸。这些纸张尺寸由美国 ANSI 纸张系列尺寸取最接近的公制尺寸而来。其中 P4 尺寸对应美国 Letter 尺寸。

设计作品 1：10 缩小示样

海报　515mm×728mm

传单
210mm×297mm

画册
182mm×182mm

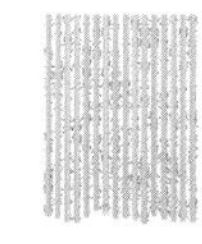

贺卡
107mm×154mm

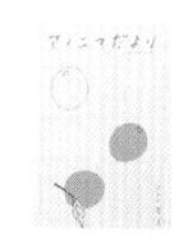

手册
97mm×147mm

宣传卡
120mm×50mm

横版海报
515mm×364mm

海报
257mm×364mm

宣传册
148mm×210mm

三折折页
159mm×297mm

书籍
130mm×182mm

书籍
150mm×198mm

传单
182mm×257mm

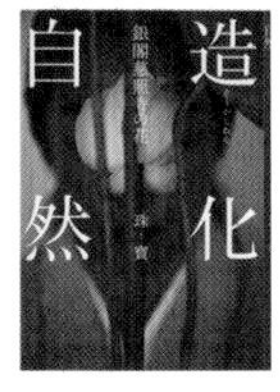

书籍
172mm×240mm

票据
70mm×180mm

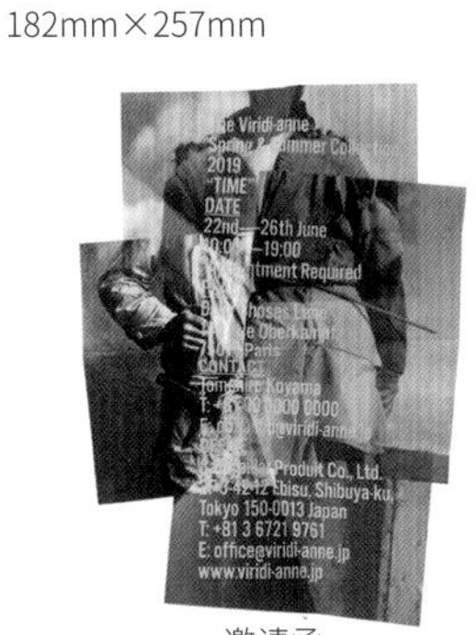

邀请函
237mm×380mm

双对折折页
297mm×420mm

海报　728mm×1030mm

致 谢

该书得以顺利出版，全靠所有参与本书制作的设计公司与设计师的支持与配合。gaatii 光体由衷地感谢各位，并希望日后能有更多机会合作。

gaatii 光体诚意欢迎投稿。如果您有兴趣参与图书出版，请把您的作品或者网页发送到邮箱：chaijingjun@gaatii.com。